本书获得教育部人文社会科学研究一般项目（19YJCZH054）和重庆市教育委员会科学技术研究计划项目（KJQN201801145）资助

Research on Identification and Early
Warning of Exogenous Crisis Origins for
Regional Energy Security

区域能源安全
外生警源识别与预警研究

孙金花　胡　健◎著

经济管理出版社
ECONOMY & MANAGEMENT PUBLISHING HOUSE

图书在版编目（CIP）数据

区域能源安全外生警源识别与预警研究／孙金花，胡健著. —北京：经济管理出版社，2020. 8

ISBN 978-7-5096-7427-7

Ⅰ. ①区… Ⅱ. ①孙… ②胡… Ⅲ. ①能源—国家安全—研究—中国 Ⅳ. ①TK01

中国版本图书馆 CIP 数据核字（2020）第 162900 号

组稿编辑：李红贤
责任编辑：李红贤　丁凤珠
责任印制：任爱清
责任校对：王淑卿

出版发行：经济管理出版社
　　　　　（北京市海淀区北蜂窝 8 号中雅大厦 A 座 11 层　100038）
网　　址：www.E-mp.com.cn
电　　话：(010) 51915602
印　　刷：三河市延风印装有限公司
经　　销：新华书店
开　　本：720mm×1000mm /16
印　　张：15. 75
字　　数：291 千字
版　　次：2020 年 9 月第 1 版　　2020 年 9 月第 1 次印刷
书　　号：ISBN 978-7-5096-7427-7
定　　价：68. 00 元

前　言

　　能源安全同人类的生存与发展息息相关，能源安全直接影响着不同国家或地区的经济和政治安全。党的十九大报告也明确指出："推进能源的生产和消费革命，构建清洁低碳、安全高效的现代能源体系，已刻不容缓。"在这样的大环境背景下，能源安全管理的重要性越来越得到不同国家或地区政府的高度重视。然而，当前我国能源安全正承受着前所未有的国际、国内双重压力：一方面，能源安全面临着能源价格波动的风险、能源消耗总量和能源消费结构突变的巨大压力；另一方面，以能源"四荒"为代表的能源安全突发事件频发。这些能源安全管理的内外双重压力已成为制约我国经济持续、健康、稳定发展的瓶颈。特别是随着经济全球化进程的加快，我国作为世界第二大经济体和第一人口大国，经济和人口对能源的需求量逐渐加大，加之对能源消费结构优化的需求，使我国能源供需呈现出巨大缺口，从而诱发各地区爆发了严重的能源安全事件。其根源在于：一是我国先天能源储量不足，"富煤贫油少气"的能源储备现象是常态，这在一定程度上制约着我国的能源自给能力；二是煤改工程的加快实施诱发了不同程度的"油荒""气荒"等区域能源安全突发事件；三是能源技术落后，削弱了新能源对传统能源的替代性。

　　在这种情况下，如何根据当前我国能源供需结构现状，从安全警源要素的角度分析，准确把控能源安全管理风险，已成为国家和地区政府切实关注的焦点。综合我国当前爆发的区域能源安全事件可知，诱发能源安全问题的关键点在于缺乏有效的能源安全预警体系，因此无法从根本上识别出影响区域能源安全因素的主要来源（能源价格波动、能源供应量的突变、突发自然灾害等）。所以，快速识别出影响区域能源安全的外生警源，并对其进行准确预警，对建立区域能源安全预警体系就显得尤为必要。可以说，开展区域能源安全外生警源识别和预警等相关问题的研究，对有效掌握我国区域能源的总体安全状况、指导各类能源政策的制定以及规划、促进地区经济的可持续发展、保障社会和谐稳定具有重要的现实意义。一是从外部性角度开展对区域能源安全问题的研究，可以进一步丰富我国能源安全研究问题的理论体系；二是通过对区域能源安全外生警源识别与预警方法进行尝试，也可以为区域能源安全问题的研究提供科学的支持工具，从而进一步完善我国能源安全问题研究的方法体系。

然而，当前有关我国区域能源安全的研究大多数是基于宏观的视角进行讨论，研究方法也较为单一，多采用定性的研究方法和简单的统计分析方法，研究成果集中在区域能源安全的外生影响因素波动上。为了更加全面、综合地反映区域能源安全外生警源的识别和预警对区域能源安全的影响，本书突破了区域能源安全问题研究的传统框架，从外部性视角入手，为分析区域能源安全问题提供了一个全新的研究方向和思路。

本书通过对我国各地区能源安全外生警源事件的调查，发现我国正面临着诸多能源安全问题。本书基于区域能源安全的外部性视角，对区域能源安全及外生警源的内涵进行了界定；通过对诱发我国各地区能源安全事件的成因进行演化分析，识别出能源价格波动、能源政策调整及外部环境变化等外生警源，并对其形成机理进行了深入探究。另外，本书根据能源价格波动、能源政策调整及外部环境变化这三类外生警源的特征，构建了外生警源识别与预警系统框架和外生警源识别与预警系统模块，主要包括识别模块、信息采集模块、预警模块、事件应对预案模块和预警策略模块。

本书利用系统动力学对区域能源安全外生警源影响因素进行分析，了解其影响因素的构成及特性，并论证了采用系统动力学分析的外生警源影响因素的必要性。另外，结合区域能源安全外生警源的实际运行情况，基于系统动力学原理，找出对区域能源安全产生影响的关键因素，构建出能源供应量和能源消费量的区域能源安全外生警源因果关系图，建立了能源供应量和能源消费量两个子系统，分析了区域能源安全影响因素对外生警源的作用机理。

针对外生警源数据的多维度特点，本书提出了基于多维关联规则的区域能源安全外生警源隐含特征的分析方法。首先，通过相关文献查询、网站资料搜索、专家访谈和实地调研等方式，获取了区域能源外生警源事务数据库。其次，利用 Apriori 算法的基本原理进行规则挖掘，研究警源属性间的关联关系，实现强关联规则输出。最后，通过对挖掘出的关联规则集的分析，发现了区域能源安全外生警源的共性特征。

针对区域能源安全外生警源的识别问题，融合模糊积分、遗传算法和神经网络等方法，构建了区域能源安全外生警源分级预警的 FI-GA-NN 模型。该模型首先利用模糊积分方法评估出区域能源安全外生警源样本分级预警的期望值，其次通过样本对遗传神经网络进行训练，最后对外生警源测试样本进行分级预警。采用 FI-GA-NN 模型进行外生警源识别，其准确率较高，降低了预警风险，可以减少区域能源安全事件的发生。

针对区域能源安全外生警源的预警问题，利用案例推理法构建了外生警源的预警框架。融合案例推理和集成学习的思想，设计了案例推理集成算法（OR-CBR）。通过 UCI 经典数据集测试了 OR-CBR 算法的准确率和效率，并在区域能源安全外生警源数据上进行了应用研究，通过对 2000~2018 年发生的 72 个能源安全外生警源案例进行筛选，随机选取 3 个案例作为目标案例，运用 OR-CBR 算法分别选出与目标案例接近的历史案例，并将历史案例的预警方案与实际情况相结合，得出相应的预警方案。

本书依据上述研究成果，设计并开发出区域能源安全外生警源预警系统。该系统能够对区域能源安全外生警源进行预警，在很大程度上弥补了我国区域能源安全研究缺少预警支持工具及软件的不足。同时，系统中集成了本书所提出的基于案例推理集成的区域能源安全外生警源预警方法，有效地扩展了区域能源安全外生警源预警的应用范围。另外，书中给出了预警系统的应用案例，并利用预警系统对区域能源安全外生警源现有的真实数据进行了研究。

能源安全是国家安全和经济安全的核心内容。根据我国能源安全具备的基础和条件，面对能源价格波动、区域能源政策调整、外部环境变化等外生警源，本书对我国区域能源安全状况提出了推进能源市场化改革、实施能源进口多元化战略、加强能源企业自主研发与创新能力、大力发展非化石能源、加快能源储备体系建设、加强能源输配网络建设、完善能源预警应急体系和完善能源金融衍生品市场等政策建议。

本书在撰写过程中参考了大量的文献。但由于时间紧迫，加之作者水平有限，尽管笔者做了很大的努力，书中仍然会不可避免地存在一些疏漏或不足，恳请各位读者提出宝贵意见和建议，以使本书可以不断修正、补充和完善。

本书可作为高等院校能源安全领域研究生的教学参考书，也可作为地方政府面对当前严峻的能源危机现象展开外生警源识别和预警的培训资料。对于我国当前区域能源安全实际问题的分析和解决，本书将具有重要的参考与借鉴价值。

目　录

第 1 章
总　论

1.1　研究背景

　　能源是人类赖以生存和进行生产的重要物质基础，与各国的经济发展、社会稳定等息息相关。20 世纪 70 年代的两次石油危机使能源安全问题成为各国政府、学术界和普通民众关注的焦点。能源安全涉及能源领域各个环节的安全，主要包括能源供应、能源需求、能源运输以及能源环境安全等方面。各国开始纷纷制定能源安全战略来保障本国的能源安全。

　　经济全球化的发展在促进世界经济发展的同时也对能源安全问题产生了巨大影响。经济发展与能源安全存在相互作用的关系，能源资源促进了各国的经济发展，同时经济的快速发展也增加了能源安全的保障压力，成为造成能源安全事件频发的主要原因。

1.1.1　经济的快速发展增加了能源安全保障压力

　　经济全球化的发展增加了全球经济的发展，同时也对能源发展有一定的影响。一是经济发展增加了对能源资源的高度依赖。全球的经济发展建立在修建大量基础设施、消耗大量能源资源的基础上，全球经济的快速增长说明了能源资源的需求量在迅速增加。虽然全球都在提倡能源可持续发展、努力研发可再生能源、促进太阳能和风能等自然资源的利用，但目前对清洁能源以及高科技能源的开发还不能满足人类的正常需求，石油、煤炭等不可再生能源资源的消耗占比仍较大，而且这类能源资源的需求一直在增加。二是经济发展促进了全球能源竞争。能源是国家关注的焦点，也是国家政治战略的重要组成部分。全球能源的有限性促使各国都不断争夺能源资源，同时能源产品的提供国与需求国之间也存在很大的分歧。各国为了保障自身能源安全，积极扩展能源进口渠道，推进能源进口来源地的多元化，能源竞争日趋激烈，各能源需求国开始以竞争的方式推行能源战略，促使全球能源合作战略转变为能源合作竞争格局。

为缓解经济增长带来的能源安全问题，各国从重视低碳发展、扩大能源供应种类、调整能源消费结构等方面努力制定了一系列的措施，其中，我国在能源政策方面也做出了许多努力，特别是国家"十五"规划以来，中国的能源发展战略与政策开始向全面化和成熟化迈进，2004 年中国通过了《能源中长期发展规划纲要（2004—2020 年）》（草案），2007 年中国国家发展和改革委员会公布了《能源发展"十一五"规划》，从节约能源、调整优化能源结构、合理布局能源发展方向等方面来指导未来中国的能源发展。但目前能源安全仍存在能源生产与消费需求不平衡、煤炭能源消费占比较大、清洁能源占比严重不足、能源科技竞争更趋激烈等问题。尤其是我国能源需求仍处于快速增长阶段，我国仍面临能源需求快速增长与资源短缺严重、能源开采强度增大与生态环境保护滞后、能源技术装备需求与科技自主创新能力不足、城市与农村能源发展等诸多不平衡的问题，严重影响了我国能源的可持续发展，能源安全保障压力不断增大。

1.1.2　频现的能源安全事件制约了地区经济发展

在全球能源安全及国家能源安全问题日益严峻的背景下，我国各地区能源安全问题也逐渐凸显，这已经严重影响了各地区社会与经济的正常运转与可持续发展。特别是近年来，我国多个地区相继出现了以能源"四荒"（煤荒、油荒、电荒、气荒）为代表的能源供应中断事件。如 2005 年以来，由于天气变化和受原油价格波动等因素的影响，珠三角地区连续出现不同程度的油荒，继而引发全国范围成品油供应紧张的局面（黄蕙，2005），引发全国油价的大幅上涨；2007 年以来，江苏、山东等地区由暴雨引发的自然灾害严重影响了其电网运行，尤其是低压配电网和农村电网损失较严重（李果仁和刘亦红，2009）；2011 年以来，重庆地区因贵州和四川等煤炭能源产地突然对煤炭外销和运输实行严格控制，出现煤炭供应紧张的局面。一方面，这些能源中断事件会打破当地的能源供求平衡关系，严重影响周边的能源供需关系，同时，在某类能源的供求关系不平衡时，还会造成连锁反应，会连带增加这类能源替代品的需求，造成能源资源严重的供需不平衡，还可能诱发交通拥堵、市场流通不畅通、基础设施停运等一系列的安全事件，而这些事件的爆发势必会对当地以及周边的经济发展与社会稳定产生巨大影响。另一方面，能源中断事件的爆发对于人均占有能源相对较少或长期以来依靠高能源消耗来推动经济增长的地区而言更是不容小觑，因为这些地区能源对外依存度较高，能源缺口一旦出现，势必会导致产业能源需求和公众能源消耗需求得不到满足，致使地区产业经济发展速度下滑的局面出现，最终会诱发一些社会不稳定因素，最终影响该地区经济社会发展的可持续性。

综合分析能源安全与经济发展的作用关系可知，若要满足区域经济快速发展对能源的需求，使两者有效协同，其根本前提在于有效确立能源安全的预警体系。由上述区域能源安全事件分析不难看出，我国区域能源安全预警体系还不够完善，未从根本上识别出影响区域能源安全因素的主要来源（能源价格波动、能源供应量的突变、突发自然灾害等），本书将该问题定义为外生型区域能源安全问题，并将影响区域能源安全因素的主要来源界定为区域能源安全外生警源。在这种情况下，如何快速识别出影响区域能源安全的外生警源，并对其进行准确预警，对建立区域能源安全预警体系就显得尤为必要。

区域能源安全外生警源识别与预警问题具有以下特点：一是区域能源安全外生警源识别与预警是由多问题组成，由一系列决策构成；二是区域能源安全外生警源识别与预警涉及多领域，识别主体呈现多元化、识别与预警体现高度复杂化等特征，需要采用能处理多种问题的智能手段和经验决策；三是由于区域能源安全预警以及所面临决策环境的复杂性和不确定性，区域能源安全外生警源识别与预警属于非结构化决策，将面临自身结构模糊或不确定等情况，因而需要集成多种技术的优势来提供解决方案。针对区域能源安全问题的以上特点，外生警源识别与预警的关键之一是采用何种方法来提供决策支持，即要求提供决策支持的“对症”方法要具有很好的解释性，并被政府决策者所理解。具体来说，是在区域能源安全出现问题之前，找出可能引发区域能源安全事件的外生警源。对于区域能源安全外生警源数据，本书拟利用规则挖掘的方法获得区域能源安全外生警源中隐藏的规律。

由于区域能源安全外生警源是一种难以描述与度量的不确定的问题，难以通过建立模型来预测，作为一种向政府部门提供的决策支持，其所采取的方法应宜于很好地解释给政府决策者，使决策者能够很好地理解区域能源安全外生警源识别与预警结果是通过何种方式、何种内在机理得到的。因此，本书拟利用历史区域能源安全事件的数据，采用遗传神经网络和案例推理方法对可能出现的区域能源安全外生警源进行识别和预警研究。

区域能源安全外生警源识别与预警作为实践中的一类特殊问题，需要新的理论探索。因此，本书旨在于根据区域能源安全外生警源识别与预警所面临的非结构化问题，融合遗传神经网络、智能推理领域的案例推理方法、机器学习领域的集成学习理论和数据挖掘领域的规则挖掘方法，发掘能将区域能源安全外生警源识别与预警问题转化为可结构化操作的途径，构建具有易于解释特征的、基于案例推理集成的外生警源识别与预警方法。本书将从以下三个方面开展分析：①基于外生型区域能源安全视角，探索解决区域能源安全事件的关键问题，建立区域能源安全外生警源识别与预警的理论框架；②融合遗传神经网络、案例推理方法和集成学习理论，构建基于案例推理集成的外生警源识别与预警模型；③选取典型地区，利用本书提出的区域能源安全外生警源识别与预警模型，发现其潜在的警源威胁，并进行预警分析，提高政府制定相应能源安全措施的有效性。

1.2 研究目的和意义

1.2.1 研究目的

区域能源安全问题是影响区域经济发展和社会稳定的关键所在，各地政府在制定决策时未能意识到影响区域能源安全的外生警源这一根本问题，各地的能源解决措施未能有效解决能源突发问题，而区域能源安全外生警源的识别与预警对解决能源中断事件有着良好的作用。本书通过对区域能源安全外生警源的研究，希望能丰富能源安全研究，弥补区域能源安全外生警源识别与预警这一研究空白，在实际应用中快速识别影响区域能源安全的外生警源，对其进行预警，减少能源突发问题。

1.2.1.1 丰富能源安全研究，为区域能源安全外生警源提供研究范例

能源安全是一直影响国民经济发展的重要问题，而目前对于区域能源安全问题的研究并不多，对区域能源安全外生警源的识别与预警相关研究更是屈指可数。因此，界定区域能源安全外生警源的内涵，研究区域能源安全外生警源的影响因素，探讨区域能源安全外生警源的理论框架，探索实施区域能源安全外生警源的识别与预警研究的途径与方法对完善能源安全问题研究有重要的作用。因此，本书对区域能源安全外生警源的识别与预警研究可以丰富我国能源安全的研究，为区域能源安全外生警源的研究做出范例，同时吸引广大学者继续探讨区域能源安全问题。

1.2.1.2 减少区域能源安全中断事件的出现

当前我国区域能源安全问题凸显，由于区域能源安全问题的突发性、因素不确定性、模型难以建立等原因，当前针对区域能源安全外生警源的研究并不多，现有的研究并未有针对性地对区域能源安全外生警源进行内涵、特征和属性界定，以及对区域能源安全外生警源的等级进行识别。而有效的区域能源安全外生警源识别与预警系统可以通过建立预警方案，从而减少区域能源安全中断事件的发生。因此，在区域能源安全外生警源基本理论框架构建的基础上，构建区域能源安全外生警源识别与预警模型，并将其应用于区域能源安全外生警源的识别与预警问题中，可以有效缓解区域能源安全的突发情况。

1.2.1.3 为能源安全应对措施和能源规划提供决策支持

由于当前缺少对区域能源安全问题研究的具体方案，区域政府在制定能源应对措施时缺少针对性，无法应对突发的能源安全事件。因此，尝试从区域能源安全外生警源的识别与预警角度进行具体研究及分析，提供具体的基于遗传神经网络和案例推理集成的外生警源识别与预警方法及应用方案，可以解决我国区域能源安全的实际问题，帮助地方政府更好地制定能源安全应对措施和能源规划。

1.2.2 研究意义

现阶段我国各地区的能源安全正承受着前所未有的国际、国内双重压力，一方面，区域能源安全面临着能源价格波动的风险和能源消耗总量控制的巨大压力；另一方面，以能源"四荒"为代表的区域能源安全问题十分突出，已经成为制约我国各地区经济持续、健康、稳定发展的瓶颈。在这种情况下，只有准确识别出将引发区域能源安全问题的外生警源，并进行预警，才能从根本上保证区域能源安全的稳定性，满足地区可持续发展的内在要求和基础条件。可以说，开展区域能源安全外生警源识别与预警研究具有十分重要的理论与实践意义。具体表现为：

1.2.2.1 理论意义

一方面，尽管国内外的学者已经在区域能源安全相关领域取得一些成果，为本书的后续研究奠定了良好的理论基础，但对区域能源安全预警研究还有待深入探讨。本书区别于传统的区域能源安全研究框架，从外部性角度研究区域能源安全问题，提出区域能源安全外生警源这一新的研究切入点，系统地梳理区域能源安全外生警源的影响因素，分析区域能源安全外生警源的隐含特征，并进行相关的基础理论研究，能进一步丰富我国能源安全研究问题的理论体系。

另一方面，经过对国内外区域能源安全研究现状的分析，本书发现现有的研究方法多集中在定性分析和简单的统计分析。由于能源安全问题具有突发性、因素不确定性等特征，现有的分析工具很难快速捕捉到能源安全问题的具体原因，并进行问题识别与预警。本书在区域能源安全外生警源识别与预警的方法上作出尝试，利用遗传神经网络、案例推理、集成学习、规则挖掘等方法提出基于案例推理集成的区域能源安全外生警源识别与预警方法，为区域能源安全问题研究提供科学的支持工具，进一步完善我国能源安全问题研究的方法体系。

1.2.2.2 实践意义

通过研究区域能源安全的相关问题，对掌握我国区域能源的总体安全状况，指导各类能源政策的制定以及规划，促进地区经济可持续发展、保障社会和谐稳定具有重要的现实意义。一方面，本项目将以区域能源安全事件频发地区为例，利用区域能源安全外生警源识别与预警方法发现其潜在的外生警源，识别区域能源安全外生警源的等级，并通过对区域能源安全外生警源系统的开发进行有效预警，防止区域能源中断事件发生，解决能源突发问题，稳定地方的经济发展；另一方面，将区域能源安全外生警源预警系统应用到实际中，针对区域能源安全外生警源识别与预警结果，提出相应的对策与建议，为地方政府制定能源安全应对措施和能源规划提供决策支持，也对总体能源安全管理工作有一定的启示作用。

1.3　研究目标

针对我国区域能源安全外生警源识别与预警研究领域，采用管理学、能源科学、决策科学和计算机科学中的分析方法，以遗传神经网络、案例推理、集成学习、规则挖掘等方法为手段，在理论框架、识别方法和预警模型三个领域展开研究工作，探索区域能源安全外生警源识别与预警的基础理论、工作途径和应用方法。本书以提供区域能源安全外生警源识别与预警方法为目标，以多种理论、方法融合为手段，旨在实现以下具体目标：

1.3.1　建立区域能源安全外生警源识别与预警的理论框架

在前人的研究基础上，结合实际区域能源安全影响因素，从外生型区域能源安全问题这一全新角度出发，针对外生型区域能源安全警源识别与预警问题的特点，构建一套相应的理论框架，为区域能源安全外生警源的识别及预警研究提供理论基础。

1.3.2 构建出有效的区域能源安全外生警源识别与预警模型

针对区域能源安全外生警源识别与预警问题的自身特点，结合以往学者的研究成果和作者前期的研究基础，构建出有效的区域能源安全外生警源识别及预警模型，并对模型的有效性进行检验。

1.3.3 区域能源安全外生警源识别与预警方法的实际应用

以我国各地区能源安全事件为例，通过实例研究，验证区域能源安全外生警源识别与预警方法的实际应用价值，即在外生型区域能源安全问题发生之前，能够识别出潜在的外生警源，并建立预警方案，最终为政府制定能源安全应对措施提供良好的量化依据。

1.4 研究创新点

1.4.1 提供区域能源安全外生警源的研究新视角

突破传统区域能源安全问题研究的框架，从外生型区域能源安全问题的角度出发，探索解决区域能源安全事件的关键问题，即区域能源安全外生警源的识别与预警。构建区域能源安全外生警源识别的理论框架，主要包括区域能源安全外生警源的界定、分类、基础属性、案例特征抽取及表达形式，为区域能源安全外生警源研究提供新视角。

1.4.2 集成多种研究方法研究区域能源安全外生警源

利用系统动力学方法找到区域能源外生警源影响因素之间的相互关系，基于关联规则方法对区域能源安全外生警源的隐含特征进行分析，同时针对区域能源安全外生警源识别问题的特点，建立融合模糊积分、遗传算法和神经网络的 FI-GA-NN 模型，对外生警源的等级进行识别研究，采用多种案例搜索机制及集成学习理论改进经典的案例推理方法，建立案例推理集成方法，并尝试把案例推理集成方法用于解决非结构化的区域能源安全外生警源的预警问题，推动区域能源安全外生警源的预警研究。

1.4.3 开发区域能源安全外生警源预警系统

在区域能源安全外生警源识别和外生警源预警研究的基础上，开发了区域能源安全外生警源预警系统，通过实例验证预警系统的有效性，在区域能源安全问题发生之前，对外生警源进行预警，同时形成预警方案，帮助解决区域能源安全事件。

1.5 主要研究内容

本书的核心内容是研究外生型区域能源安全的警源问题——外生警源，主要包括外生警源识别与预警的理论框架、外生警源识别及外生警源的预警方法和外生警源系统开发三个主要方面。本书针对区域能源安全外生警源问题的特点，运用遗传神经网络、案例推理、集成学习理论及规则挖掘等方法，构建基于案例推理集成的区域能源安全外生警源识别与预警方法。具体研究内容如下：

1.5.1 区域能源安全外生警源识别与预警的基础理论框架研究

1.5.1.1 区域能源安全外生警源内涵的界定

通过资料收集及实地调查，抽取区域能源安全外生警源案例，对区域能源安全外生警源进行分类，归纳外生警源的主要特征，探索外生警源的形成机理，在此基础上，明确界定区域能源安全外生警源的内涵。

1.5.1.2 区域能源安全外生警源的基础属性研究

采用比较分析法和因素分析法深入分析现有区域能源安全外生警源案例，通过影响路径分析找出区域能源安全外生警源的关键基础属性，包括外生警源的描述属性纬和外生警源的状态属性纬。

1.5.1.3 区域能源安全外生警源案例的特征选择

针对抽取出的区域能源安全外生警源的基础属性，选取适当的特征选择方法，对外生警源的基础属性进行约简，消除不相关的、冗余的、含噪声的属性，为区域能源安全外生警源案例表达形式及案例建立提供基础。

1.5.2 区域能源安全外生警源影响因素与隐含特征分析

1.5.2.1 区域能源安全外生警源影响因素分析

对区域能源安全外生警源案例进行归纳整理，总结外生警源在季节变化、自然灾害、突发事件以及外部运力等方面的影响因素，并分析这些影响因素对能源安全外生警源的影响。

1.5.2.2 构建外生警源影响因素间的系统动力学模型

探究利用系统动力学分析外生警源影响因素的必要性，分析影响因素之间的关联关系，绘制它们之间的因果关系图，并基于因果关系图构建外生警源影响因素的系统动力学模型。

1.5.2.3 外生警源系统动力学模型模拟以及结果分析

在文献分析的基础上，结合现实情况，对模型内部的主要参数和结构方程进行确定，进行外生警源影响因素的系统动力学模型仿真模拟，探讨模型中关键因素的变化趋势，与现实案例进行对比分析。

1.5.2.4 外生警源隐含特征分析的多维关联规则挖掘模型设计

通过对区域能源安全事件案例抽取，构建了能源安全外生警源属性集和数据集。依据数据集的特点设计了能源安全外生警源多维关联规则挖掘模型。该模型首先基于多维属性融合的思路，通过把属性划分为事务项，将外生警源多维属性映射为一维，然后利用 Apriori 算法的基本原理挖掘隐含在外生警源数据中的规则。将多维关联规则挖掘模型应用于能源安全外生警源隐含特征分析中，研究警源属性间的关联关系，实现强关联规则输出，发现隐藏在外生警源数据中的规律，通过对挖掘出的规则集的归纳分析，得出区域能源安全外生警源爆发时的共性特征。

1.5.2.5 区域能源安全外生警源隐含特征挖掘实例应用

对区域能源安全外生警源事件信息中的数据进行处理，构建区域能源安全外生警源事务数据库，通过对典型外生警源案例中隐含的规则进行挖掘，说明多维关联规则方法的应用过程并验证方法的可行性，将此方法应用到大量数据中来检验其应用效果。

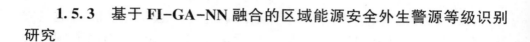

1.5.3 基于 FI-GA-NN 融合的区域能源安全外生警源等级识别研究

1.5.3.1 区域能源安全外生警源等级识别模型框架

通过对区域能源安全事件案例的收集，对比分析了各类区域能源安全外生警源的形成机理，并依据相关文献的研究，抽取了各类区域能源安全外生警源的共性特征，建立预警指标，针对区域能源安全外生警源预警指标的不同特点，通过德尔菲法，咨询能源安全领域的专家，进行能源安全外生警源等级识别预判，融合能源安全警源参考等级划分的相关文献资料，对现实区域能源安全外生警源形成机理、影响程度进行深入分析，并把各类预警指标进行等级划分。

1.5.3.2 FI-GA-NN 方法融合及能源安全外生警源等级识别案例分析

一是针对区域能源安全外生警源的突发性、非线性和复杂性等特点，采用智能化方法解决能源安全外生警源的等级识别问题。BP 神经网络能充分逼近复杂的非线性关系，因此选择 BP 神经网络作为警源识别方法，并用遗传算法优化 BP 神经网络的权重以提高模型精度，同时融合了模糊积分方法来确定训练样本预警等级的期望值，构建了区域能源安全外生警源等级识别的 FI-GA-NN 模型。二是利用 FI-GA-NN 模型对外生警源测试样本进行分级预警，检验其预警准确率，验证该模型是否能降低预警风险以及模型是否具有应用价值。

1.5.4 基于案例推理集成的外生警源预警方法研究

1.5.4.1 区域能源安全外生警源预警框架及案例推理集成方法的原理研究

一是对区域能源安全外生警源案例进行深入分析，在外生警源等级识别指标下构建外生警源预警框架；二是从案例推理集成的基础理论和应用方式两个角度，分析案例推理理论与集成学习理论融合的可行方案，提出案例推理集成的具体框架；三是研究构建基于案例推理集成的外生警源预警方法的具体流程和实施途径。

1.5.4.2 外生警源案例的表达形式及案例库构建

通过对区域能源安全事件的深入研究，有效识别出外生型区域能源安全问题的主要表现，建立区域能源安全外生警源案例的适宜表达形式。在此基础上，建立区域能源安全外生警源历史案例库。

1.5.4.3 多种案例推理结果的产生机制

一是分析利用不同的案例搜索方式产生多种案例推理结果的可行性，研究其实施的具体方案；二是探讨利用一种案例搜索方式对案例属性子空间进行搜索，产生多种案例推理结果的技术实现方式和路线；三是尝试对比不同多种案例推理结果产生机制的内在优势和使用效率。

1.5.4.4 多种案例推理结果的集成机制

针对案例推理集成的框架，采用笔者前期对集成学习的研究成果来设计多种案例推理结果的集成机制。利用最优化理论，将多种案例推理结果的集成定义为优化问题，研究其求解的具体途径；研究利用序关系理论和最优化理论构建案例推理集成函数的具体方法。

1.5.4.5 区域能源安全外生警源预警实例分析

参考相似历史案例的解属性构建目标案例的预警方案，从而进行预警分析。在能源安全外生警源中提取出案例，随机选取案例作为目标案例，利用案例推理集成方法进行案例检索，将检索出的历史案例的预警方案与目标案例的实际情况相结合，得出目标案例的预警方案。

1.5.5 区域能源安全外生警源预警系统开发与应用验证

1.5.5.1 区域能源安全外生警源预警系统开发

根据区域能源安全外生警源的影响因素、形成机理以及等级识别和预警研究，根据系统开发原理进行预警系统设计，开发区域能源安全外生警源预警系统。

1.5.5.2 外生警源识别及预警方法的有效性研究

利用遗传神经网络和案例推理集成方法对区域能源安全问题的历史数据集进行外生警源识别与预警，将识别与预警结果和真实的能源安全事件进行对比，验证遗传神经网络和案例推理集成方法自身的有效性。选取外生警源识别与预警的其他可用方法与本书提出的方法进行比较研究，通过结果对比，分析遗传神经网络和案例推理集成方法的相对有效性。

1.5.5.3 外生警源识别与预警方法的应用研究

以我国能源安全事件频发的典型地区为例，对其能源安全外生警源进行识别与预警研究。通过对研究结果分析，一方面验证本书提出的区域能源安全外生警源识别与预警理论和方法的实际应用价值，另一方面揭示出我国各地区能源安全存在的潜在外生警源，并进行预警分析，进而为政府制定相应的能源安全应对措施和能源战略提供科学合理的量化依据。

1.6 拟解决的关键问题

第一，区域能源安全外生警源的内涵界定及分类，外生警源的基础属性构成。目前关于区域能源安全的研究未对来自外部的影响因素，即外生警源进行内涵的界定，也未根据其特性进行分类。本书将根据区域能源安全外生警源事件的调查，对区域能源安全外生警源事件的基础数据和特性进行分析，结合相关文献对区域能源安全外生警源的内涵进行界定，并着重解析区域能源安全外生警源的基础属性构成和形成机理。

第二，从多信息源中抽取区域能源安全外生警源案例、案例的特征选择及案例表达形式；进行案例相关数据集及历史案例库的构建。通过文献、资料以及实地调查法，广泛搜集区域能源安全外生警源的实际案例，在对案例进行深层次分析后进行案例特征抽取和案例表达形式确定，并根据案例梳理结果构建案例相关数据集和历史案例库。

第三，区域能源安全外生警源等级的识别。对区域能源安全外生警源案例进行深入分析，根据外生警源的基础属性和形成机理建立外生警源等级识别指标。改进模糊积分决策方法，融合遗传算法和神经网络方法建立 FI-GA-NN 模型，进行外生警源等级识别实例研究。

第四，在案例推理集成方法中，多案例推理结果的产生机制及其集成机制，采用何种方法来构建集成函数对多案例推理结果进行集成，以及利用案例推理集成方法如何进行有效预警是需要解决的关键问题。目前关于能源安全的研究方法多集中在简单的统计分析方法，缺乏一种科学的方法对区域能源安全外生警源预警进行分析，因此本书拟结合案例推理和集成学习理论，建立一种案例推理集成方法进行区域能源安全外生警源预警分析，这种集成机制是需要解决的一个关键问题。在建立一种案例推理集成方法后，在区域能源安全外生警源事件的历史数据库中找到相似的案例，根据区域能源安全外生警源隐含的特征分析对外生警源的等级进行识别，并建立后期的预警方案。

第五，区域能源安全外生警源预警系统的开发与实际应用解决的关键问题是开发出区域能源安全外生警源预警系统，并对区域能源安全外生警源识别与预警方法的实际应用效果和实际应用价值进行验证。根据区域能源安全外生警源的识别与预警研究开发出能有效预警的系统是关键。区域能源安全外生警源预警系统的最终作用是落到实地，该系统必须能在能源安全事件发生之前起到预警作用，杜绝能源中断事件的发生。根据预警结果建立预警方案并对其进行验证也是待解决的关键问题。

1.7 研究方案设计

1.7.1 技术路线

本书采用管理方法与技术研究双主线，如图 1-1 所示。整体技术路线如下：

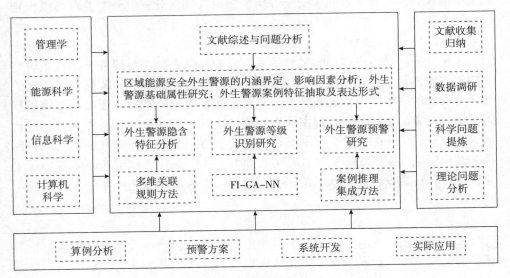

图 1-1 技术路线图

首先，采用文献收集归纳、数据调研、科学问题提炼、理论问题分析等多种途径，构建区域能源安全外生警源识别与预警问题研究的理论框架，主要包括区域能源安全外生警源的界定、分类、基础属性、案例表达方法和数据集的建立研究。

其次，利用计算机科学中的关联规则挖掘、遗传神经网络、案例推理、集成学习理论等方法，构建区域能源安全外生警源识别与预警方法。

最后，以我国各地区能源安全事件为例，通过区域能源安全外生警源预警系统的实际应用，发现各地区能源安全问题潜在的外生警源，并进行预警，向政府主管部门通报情况，同时对项目提出模型的有效性进行验证。

1.7.2 研究方法

本书采用了多种方法对区域能源安全外生警源进行研究，前期主要用到文献分析法和实地调查法对区域能源安全事件进行文献梳理和数据分析，梳理区域能源安全外生警源的相关文献和界定区域能源安全外生警源的内涵、特征等，用比较分析法和因素分析法对区域能源安全外生警源案例进行分析，确定区域能源安全外生警源的属性，后期用系统动力学方法对区域能源安全外生警源的影响因素进行模拟仿真验证，还利用关联规则挖掘、模糊积分、遗传神经网络和案例推理方法进行区域能源安全外生警源隐含特征分析、外生警源等级识别以及预警研究。

1.7.2.1 文献分析法

文献分析法是指通过对收集到的某方面的文献资料进行研究，以探明研究对象的性质和状况，并从中引出自己观点的分析方法。它能帮助研究者形成关于研究对象的一般印象，有利于对研究对象作历史动态把握，还可研究难以接近的研究对象。文献分析法的主要内容有：①对查到的有关档案资料进行分析研究；②对收集来的有关个人的日记、笔记、传记进行分析研究；③对收集到的公开出版的书籍刊物等资料进行分析研究。本书利用文献分析法发现能源安全研究中的空缺点，提出本书的研究对象——区域能源安全外生警源，搭建了研究框架。

1.7.2.2 实地调查法

实地调查法是指由调研人员亲自收集第一手资料的过程。当调研人员得不到足够的第二手资料时，就必须收集原始资料。实地调查法分为访问法、观察法和实验法，它能收集到较真实可靠的第一手材料，可信度较高。本书利用实地调查法对区域能源安全外生警源案例进行关键信息的收集，深入调查区域能源安全外生警源案例及其影响因素，为本书的区域能源安全外生警源影响因素和形成机理分析奠定数据基础。

1.7.2.3 比较分析法

比较分析法也称对比分析法，是把客观事物加以比较，以达到认识事物的本质和规律并做出正确评价的目的。比较分析法通常是把两个相互联系的指标数据进行比较，从数量上展示和说明研究对象规模的大小、水平的高低、速度的快慢，以及各种关系是否协调。在对比分析中，选择合适的对比标准是十分关键的步骤，选择合适，才能做出客观的评价，选择不合适，评价可能得出错误的结论。本书采用比较分析法深入分析现有区域能源安全外生警源案例，通过影响路径分析找出区域能源安全外生警源的关键基础属性，包括外生警源的描述属性纬和外生警源的状态属性纬。

1.7.2.4 因素分析法

因素分析法又称经验分析法，是一种定性分析方法。该方法主要指根据研究对象选择应考虑的各种因素，凭借分析人员的知识和经验，集体研究确定选择对象。因素分析法是利用统计指数体系分析现象总变动中各个因素影响程度的一种统计分析方法，包括连环替代法、差额分析法、指标分解法等。因素分析法是现代统计学中的一种重要而实用的方法，它是多元统计分析的一个分支。使用这种方法能够使研究者把一组反映事物性质、状态、特点等的变量简化为少数几个能够反映出事物内在联系的、固有的、决定事物本质特征的因素。本书利用因素分解法对区域能源安全外生警源案例进行深入解剖分析，确定外生警源的影响因素，找到外生警源的基础属性。

1.7.2.5 系统动力学法

系统动力学是一门分析研究信息反馈系统的学科，也是一门认识系统问题和解决系统问题的交叉性、综合性学科。它是系统科学和管理科学中的一个分支，也是一门沟通自然科学和社会科学等领域的横向学科。系统动力学对问题的理解，是基于系统行为与内在机制间的相互紧密的依赖关系，并且通过数学模型的建立与仿真而获得。本书使用系统动力学方法构建系统动力学模型，找到区域能源安全外生警源影响因素之间的相互作用关系，然后通过仿真分析模拟的现实情况，利用有效性分析和敏感性分析找出对区域能源安全外生警源影响作用最大的关键因素。

1.7.2.6 关联规则挖掘法

关联规则挖掘是挖掘数据库中和指标（项）之间有趣的关联规则或相关关系。针对现阶段我国区域能源安全突发事件频现的问题，本书利用关联规则挖掘方法，利用 Apriori 算法的基本原理提出了多维关联规则挖掘方法进行规则挖掘，发现隐藏在区域能源安全外生警源数据中的规律，得到区域能源安全外生警源的隐含特性。

1.7.2.7 模糊积分法

模糊积分是模糊数学的重要理论之一，它类似于实数域的积分，具有取平均的物理意义。模糊积分在图像融合效果评价和武器系统综合评估等领域已有一定的应用，并且取得了较好的效果。本书将模糊积分方法用于区域能源安全外生警源等级的识别中，利用模糊积分方法评估出区域能源安全外生警源样本分级预警的期望值。

1.7.2.8　遗传算法与神经网络相结合的方法

遗传算法是模拟达尔文生物进化论的自然选择和遗传学机理的生物进化过程的计算模型，是一种通过模拟自然进化过程搜索最优解的方法。神经网络是一种模仿动物神经网络行为特征，进行分布式并行信息处理的算法数学模型。针对区域能源安全外生警源的突发性、非线性和复杂性等特点，宜采用智能化方法来解决能源安全外生警源的等级识别问题。遗传神经网络（GA-NN）是定义在神经网络基础上的一种非线性函数，它不仅能够解决评价指标间具有相关性的问题，而且能够利用神经网络的自学习、自组织、自适应能力来克服主观因素的影响，发挥 BP 神经网络泛化的映射能力，使神经网络具有很快的收敛速度。

1.7.2.9　案例推理法

案例推理是通过寻找与之相似的历史案例，利用已有经验或结果中的特定知识，即具体案例来解决新问题。一个典型的案例推理问题求解过程的基本步骤可以归纳为四个主要过程：案例检索、案例重用、案例修正和案例保存。在案例推理中，通常把待解决的问题或工况称为目标案例，把历史案例称为源案例，源案例的集合称为案例库。案例推理解决问题的基本过程为：①一个待解决的新问题出现，这个就是目标案例；②利用目标案例的描述信息查询过去相似的案例，即对案例库进行检索，得到与目标案例相类似的源案例，由此获得对新问题的一些解决方案；③如果这个解答方案失败将对其进行调整，以获得一个能保存的成功案例。这个过程结束后，可以获得目标案例的较完整的解决方案；若源案例未能给出正确合适的解决方案，则通过案例修正和保存可以获得一个新的源案例。传统的基于距离相似性的案例推理方法已无法有效解决非完备信息案例推理问题，基于此，拟借鉴由集成理论思想建立的案例推理集成方法来解决区域能源安全外生警源预警问题。

1.7.3　研究思路

本书的研究思路如图 1-2 所示。

我国区域能源安全问题的频繁爆发已经严重影响了我国地区的经济发展，因此迫切需要对我国区域能源安全问题中由外部环境变化而引发的能源中断事件进行提前识别和预警。基于此，本书的研究思路如下：对区域能源安全外生警源进行内涵界定及分类、探索外生警源的基础属性构成，进一步构建区域能源安全外生警源研究的基本理论框架，基于系统动力学方法对区域能源安全外

图 1-2 研究思路

生警源的影响因素进行研究，提出基于多维关联规则挖掘的外生警源隐含特性分析方法，设计外生警源的等级识别模型，构建基于案例推理集成的外生警源预警框架，并探索案例推理的多种集成机制，在此基础上，开发出区域能源安全外生警源预警系统。

第 2 章
相关研究综述

2.1 能源安全的基础理论

2.1.1 能源安全的内涵

能源作为一个民族生存与发展的物质基础，贯穿于人类社会发展进步的全过程。从以蒸汽机为起点的第一次工业革命到以电力发明为标志的第二次工业革命，再到涉及新能源技术领域的第三次工业革命，能源始终在人类社会发展进步中发挥着不可替代的作用。立足当下，为了谋求更高水平的社会发展和文明进步，能源结构的不断更迭，需要将能源与经济社会的变革联系起来。在这种历史发展进程中，能源安全管理问题就成为当今世界发展局势下的关键作用要素，即作为研究能源问题首先需要回答的命题，受到了国内外众多学者的普遍关注。

能源安全的产生最初源于西方的两次石油危机，为了应对石油危机，早在 20 世纪 70 年代初，国际能源署（International Energy Agency，IEA）率先提出了以稳定原油供应和价格为核心的"能源安全"概念，其初衷是为了保障石油的供给安全。自此，能源安全问题就成为各国学者高度关注的焦点。Bohi 等（1996）认为，"能源安全是能源价格波动或能源供给中断导致的经济福利损失"，而 Dorian 等（2006）将能源安全定义为"以合理的价格保证能源的持续供应，从而支持工业和经济的正常运转"，相似概念在 Bielecki（2002）、Müller-Kraenner（2008）、联合国开发计划署（United Nation Development Programme，UNDP）（2009）、Chester（2010）、Cabalu（2010）和 Badea 等（2011）研究成果中也有所阐述。之后 OPEC 也给出了相应的内涵界定，认为能源安全包含六个方面的含义，一是能源安全具有全球性；二是能源安全要保证向所有消费者提供现代能源服务；三是能源安全涉及供应链的所有环节；四是能源安全需要考虑到可预见的将来；五是能源安全要考虑到能源开发利用不能以危害环境为代价；六是能源安全离不开国际合作和对话机制。而世界经济论坛则认为能源安全涵盖能源、经济增长和政治力量等因素；IEA 将能源安全理解为是更加强调能源供应的多元化、高效率和应对紧急情况的灵活有效，以及保护环境、合理的能源价格、开放的能源市场和投资环境。在上述研究学者的阐述分析之后，国内学者对能源安全内涵的界定也有三种不同的观点认识。

第一种观点是将石油放在能源安全的战略核心地位。20 世纪 70 年代，石油危机的出现引发了大众对于能源安全的关心，随着社会经济的逐渐发展，能源安全的内容逐步演化，其内涵更加丰富、多元化。部分学者和国际机构认为，能源安全问题首先需要考虑到的是能源供应和能源价格，比如 DBERR 将能源安全定义为凭借合理的市场价格获得可靠的、充足的能源供应；吕致文（2005）认为，能源安全主要指一国拥有主权或实际可控制、实际可获得的能源资源，从数量上和质量上能够保障该国经济在一定时间内的需要、参与国际竞争的需要以及可持续发展的需要。他认为我国能源安全问题的实质是能源储备、供应结构与能源消费结构不完全匹配，并且程度在不断加深的问题，而不是一个总量供给问题。由此，将我国能源安全问题可理解为石油安全问题，或者油、气安全问题。

这类特有能源安全问题的直接诱因表现为国际石油价格的波动对国民经济的影响，因此，从某种意义上，如何在合理的价格水平上得到我们需要的石油资源，是我国能源安全战略的核心问题。由此，有部分学者就石油资源安全展开了系统研究，明确指出在 20 世纪 80 年代以前，能源供应安全和价格稳定是能源安全管理首先需要考虑的问题。此外，也有部分学者认为能源安全的基础是石油运输安全，如秦晓（2004）指出石油安全问题在能源安全问题中居于核心地位，他将能源安全分为三个类别：一是投资和控制境外石油资源；二是建立国家石油战略储备；三是通过控制能源运输确保石油供应链的安全。其中，为了保证石油供应链的安全，应将能源运输纳入国家能源安全战略框架中，从供应链安全的角度出发，支持中国能源运输企业的发展。显然这一角度对能源安全问题的分析过于片面，仅强调了石油资源在能源体系中的核心地位，而忽视了其他能源问题。特别是随着世界经济政治形态的变化，更多类型的能源问题开始逐渐显露出来，如电力问题、天然气问题等，而这在一定程度引发了学者对能源安全问题产生了更多、更新的观点认知。

第二种观点是将煤炭安全视作能源安全的核心问题。这种观点仍然没有脱离对能源安全问题认知的片面化，即仅将某种特定能源品种的安全视为国家能源安全。朱成章（2012）指出，中国能源安全关键主要表现为过度依靠煤炭资源。由于我国能源储备呈现出富煤缺油少气的基本特征，因此，这在一定程度上决定了煤炭资源在我国能源体系中的战略核心地位。但随着我国能源消费结构的转变，特别是煤改工程的实施，很多学者认为能源安全问题就是煤炭安全问题的观点正在逐渐受到外界的冲击，国内学者关于能源安全的讨论也逐渐由单一种类的能源安全的视角到多类能源安全问题的共同诠释，能源安全的内涵正从一维向多维方向发展。

第三种观点认为能源安全主要由两个部分组成，即能源供给安全和能源消费安全。迟春洁（2004）在对能源供给稳定性需求的研究中，明确指出能源供给稳定性主要从以下三个方面考虑：保障供给、随机应变和可持续利用。此种观点将能源安全的讨论由单一的某种能源扩展到能源总量的层面，从供给的稳定性和消费的安全性两个角度出发，为能源安全问题的讨论提供了一个更加宏观、更加全面的视角；而张生玲（2015）则认为中国能源安全是以较低的经济、环境成本，最大程度地保障国家能源供需平衡，因而认为应该更加注重能源资源供应的质量和可持续性，更加注重生态与环境安全。可以说，目前我国能源安全的目标逐渐由量的保障转向对质的追求，能源安全概念也正在由"国内"向"国际"转变，能源安全的范围不断外延，内涵更加丰富，需要我们把握住能源安全的主要矛盾。

特别是在面对多边的世界政治格局下，国内能源安全和世界能源安全的联系越来越紧密。在这种情况下，有学者认为，能源安全已经衍生为一个全球性的问题，即无全球能源安全，就单个国家能源安全，甚至是区域能源安全（黄晓勇等，2014）。David Von Hippel（2008）认为，能源安全在塑造东亚国家之间的关系以及世界其他国家的关系方面发挥着重要的作用，对于那些参与制定能源政策的人来说，能源安全是指能够确保石油和其他化石燃料的安全，其与环境、技术、需求侧管理以及国际关系等密切相关。而 Luo Yixin（2011）也认为，解决能源问题涉及资源、技术、环保、金融、法律、地区安全、反恐等诸多领域。任何国家都无法单独面对，因此，为了人类可持续发展的共同利益，需要世界各国密切合作，特别是主要能源生产国和主要能源消费国需要密切合作。尤其是随着社会实践的发展，能源安全的内涵必将赋予更加深刻的时代内容。

综合以上分析可知，对能源安全的内涵理解至今仍缺乏一个较为明确的定义，但总体来说，可以将能源安全界定为具备充足的能源供应以及安全的能源消费，注重清洁能源在能源体系中的重要地位和能源运输安全，并且满足世界各国能源供需要求的具有时代特色的综合能源安全观。

2.1.2 能源安全的特征

随着世界政治经济形势的变化以及科学技术的发展，人们对能源的需求发生了变化，同时，能源安全也被赋予了许多新的特征。国际能源署（IEA）认为，能源安全就是在考虑环境的前提下，以合理的价格充足地供应能源。IEA强调能源安全应保障能源供应的多元化和高效率，应具有合理的能源价格、开放的能源市场以及良好的投资环境，因此将能源安全的特征表现界定为具有合理的价格、充足能源供应以及良好国际关系。但欧洲能源宪章则提出能源安全的时间特征，认为能源安全的具体阐述与其所处的时间长短有关，其中短期的能源安全包括技术问题、极端天气情况或者政治动荡引起的对现有能源供应的影响；而长期能源安全则注重由于经济、金融或者政治因素引起的对生产和运输能力投资的阻碍，从而导致新的供应没有及时跟上需求增长的风险。从这一特征表现解读不难看出，欧洲能源宪章对能源安全赋予了阶段性的特征。而石油输出国组织（OPEC）作为世界能源主要输出国组织，则更注重能源安全的全球性、供应可持续性、预见性和环境保护性等特征。世界资源研究所（WRI）和国际战略研究中心（CSIC）认为能源安全就应具备充足、可靠且价格合理的基本特性，可以说，这两大机构更注重能源安全的可靠性、合理的价格以及充足的能源供应的特征。

中国科学院国情研究小组在《两种资源、两个市场构建中国资源安全体系》（2001）中提出，资源安全是指保障人类生存与发展中自然要素（包括物质、能源、过程）的稳定、持续、及时、足量与经济供给，由这一内涵解读可知，该机构认为资源安全具有稳定性、持续性、及时性以及充足的资源供给的特征。而我国国土资源部咨询研究中心则认为，能源安全就是指一个国家或地区可以获取稳定、总量、经济、清洁的能源供给，以满足需求，保障社会经济稳健运行和持续、协调发展的能力和状态。该中心在已有对能源安全特征的阐述中，融入了清洁能源供给这一点，提出能源安全不仅要保障能源的充足供应，还应满足能源供应的清洁性，实现对环境的保护。

此外，还有部分学者重新诠释了能源安全的内涵，认为能源安全本身具有可负担性、可接受性、合理的价格以及充足的能源供应等特征（Deese，1979；Bielecki，2002；Lesbirel，2004）。其中能源安全是在当能源中断时，满足终端消费需求的能力，此时能源安全表现出较强的可接受性和可负担性等特征（Noel & Findlater，2010）。也有学者认为能源安全是如何公平地向最终用户提供可负担得起的、可靠的、高效的、环境友好的、主动管理的和社会可接受的能源服务，因而能源可获得性、可负担性、技术发展、可持续性和监管相关的5 个特征维度构成能源安全的度量体系（Benjamin K. Sovacool et al., 2011）；而Christian Winzer（2012）则提出了能源安全是能源政策的主要目标之一的观点，并将能源安全的概念简化为能源供应连续性的概念，强调了能源安全应具有连续性和充足供应的特征。对这些学者的观点进行分析不难得知，能源安全具有可负担性、社会可接受性以及可持续性等特征。此外，David von Hippel 等（2011）在已有学者对能源安全特征的阐述中，加入了全球性和国际性的特征。Wang Qi 等（2012）认为，在经济全球化和一体化的背景下，能源生产者与消费者之间相互联系、相互依存的趋势日益明显，国际能源安全的国际化特征日益显现。黄晓勇等（2014）在对能源安全定义的阐述中加入了能源安全具有全球性的特征，而我国国务院在《中国的能源状况与政策》（2007）中也重点强调了能源安全的全球性特征。

同时，也有部分学者从供需角度对能源安全的特征进行了分析：一是能源供应的稳定性；二是能源使用的安全性。谷树忠等（2002）从资源的角度分析了能源安全的含义，提出了要达到能源安全的要求，必须具备以下的特征：一是保障充足的能源供应；二是能源的质量保证；三是实现供给的多样性；四是达到区域均衡和人群均衡；五是具有合理的价格。而周大地（2006）则提出能源安全应包括以下三点特性：一是合理（增长）的能源需求；二是满足各种需求的、持续的、多元的供应保障能力；三是经济和社会可承受的能源价格和生态环境成本。韩文科则给予全球能源供给新趋势和我国能源供给测结构改革的新视角，认为能源安全具有持续性、可接受性以及充足能源供应的特征。

综合国内外机构和学者的研究可以看出，能源安全研究具有很强的综合性，要实现能源安全，则需要对政治、经济、环境、资源等多个方面进行考虑。美国能源独立，俄罗斯、中东能源战略东移，中国"一带一路"倡议的提出，使世界能源格局发生了重大变化，对能源安全的特征也有了新的阐述。结合国内外已有研究以及最新的国家能源战略，本书认为新形势下能源安全的特征主要包括以下内容：

一是能源供应的稳定性。充足的能源供应是保证能源安全的核心。充足的能源供应主要发挥两方面的核心作用：①能保证能源供给的连续性。当面临来自经济或者政治方面的风险时，能够保证能源的连续性供应，满足人们的基本生活需要，尽可能降低由于能源中断而导致社会福利损失现象的出现。②能协调能源的供求平衡。维持能源供给与需求的均衡状态，不但有助于实现能源的可获得性，而且能够有利于国家能源战略的顺利实施。若能源供大于求，不可避免地会造成一定的能源浪费，从而带来一定的社会福利损失；而若供小于求，

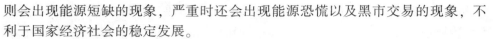

则会出现能源短缺的现象，严重时还会出现能源恐慌以及黑市交易的现象，不利于国家经济社会的稳定发展。

二是能源价格的合理性。能源安全是国家安全体系的组成部分，可接受的能源价格是能源安全的本质要求，也是衡量能源安全的重要指标。能源价格指标主要包括绝对能源价格水平、价格的波动、能源市场的竞争程度、汇率等。能源安全的最根本内涵在于一定的价格水平范围内能源可靠、安全和稳定的供应以及满足国民经济的需求，合理的能源价格是能源安全的核心问题和重要标准。

三是能源供给的可替代性。可替代的清洁能源供给主要基于因自然环境要求而诱发的能源安全问题。由于传统能源使用所造成的碳排放和其他污染物的排放是造成全球气候变暖和环境恶化的主要原因之一，而清洁能源的使用能够减少污染物以及温室气体的排放，有利于生态环境的保护，与绿色生态理念相符合。在这种情况下，优化能源消费结构已成为当前国家能源安全战略的重要举措之一，可以利用能源科技发展，不断提高能源使用的清洁度，保证能源质量，从而努力提高可再生能源的使用比重，这在一定程度上限制了传统能源的开采及使用程度，导致部分地区爆发能源安全供给缺口，诱发能源安全事件。

四是国际合作关系的稳定性。在经济全球化的大背景下，世界各国的能源安全不可分割，更不能相互对立，以损害他国能源安全谋求本国"绝对能源安全"，或者以武力威胁保障自身能源安全的做法在经济全球化的大潮中都难以做到独善其身。全球化是能源安全的国际特性，它对实现世界的可持续发展、消除贫穷起着基础性作用。要实现世界经济平稳有序发展，需要国际社会推进全球化向着均衡、普惠、共赢的方向发展，需要国际社会树立互利合作、多元发展、协同保障的新能源安全观。

五是能源安全的阶段性。阶段性是能源安全的一项重要特征。时间概念的提出，将能源安全的研究划分出了时间节点，从短期安全转向了长期安全。传统的能源安全主要是用于应对市场短期供求中断的情况，而新能源安全观除了考虑短期的供应中断情况，还研究能源供应的多元性、高效性、技术开发以及能源替换等重要内容，强调环境保护和可持续发展。

2.1.3　能源安全的表征

2.1.3.1　能源潜力存在不确定性

目前，全球能源消费主要依赖于化石能源，而可再生能源仅占能源消费需求的很小比重，此种情况下，会导致不同国家或地区表现出不同程度的能源安全焦虑，其根本原因有两点：一是传统化石能源资源的有限性；二是能源资源分配的不均衡性。由于化石能源是指上古时期遗留下来的动植物的遗骸在地层下经过上万年的演变形成的能源，其数量有限，终有开采枯竭的一天，而这将会是实现全球能源安全所必须克服的难题之一。此外，化石能源资源尤其是石油资源在全球的分布是极不均匀的，主要分布于中东、北非、西非、北美、委内瑞拉等少数地区，而这些地区局势长年又是相对不稳定的，影响了全球石油供给的稳定性，造成了全球能源市场对国际贸易和航运安全的高度依赖性，形成了对全球能源安全的挑战。

2.1.3.2 能源竞争加剧

纵观全球各国的发展现状可知，发达国家一直是能源需求的主角。在以石油消费为支撑的背景下，北美、欧洲、日本、澳大利亚等 OECD 国家和地区在"二战"后迅速实现了经济的恢复与增长。但在历经几次石油危机之后，面临高油价的刺激，这些国家或地区开始逐渐降低能源消耗，并提高能源的利用率。另外，随着以中国为首的新兴市场国家经济的快速发展，世界的经济格局与能源需求格局发生了巨大变化。历史上以 OECD 国家为主的世界能源需求结构开始发生倾斜，OECD 国家的能源需求已经趋于稳定，而非 OECD 国家的能源消费开始逐渐超过 OECD 国家，成为了世界能源需求的主要驱动力。这在一定程度上加剧了全球能源竞争，从而使全球能源安全问题进一步凸显。

2.1.3.3 能源生产格局的新变化

尽管在传统化石能源领域，除中国、印度、南非的煤炭生产外，全球能源生产格局并没有发生太大变化。中东之外，北美地区、欧亚地区（俄罗斯和中亚五国、阿塞拜疆）、南美的委内瑞拉、北海油田依然为最主要的能源供给地。但自 21 世纪以来，尤其是 2009 年美国的页岩气和新能源革命之后，全球能源的生产格局出现了一些新变化。虽然这些新能源（可再生能源）目前在人们的能源消费需求中的占比并不是很高，尚不能影响 OPEC 国家对能源市场的影响力，但从增量速度和增量总额来分析，未来能源生产供给格局的这一新变化势必会对传统能源，特别是石油价格的上涨起到一定抑制作用，从而影响石油等传统能源的供给与需求，导致新的能源安全问题的产生。

2.1.3.4 气候谈判与环境保护压力持续存在

近年来，影响世界全球能源发展的环境问题主要包括两个方面：一是全球气候变化，二是温室气体排放。因为已经观察到全球空气和海洋平均温度的升高，冰雪大范围融化，全球气候变暖已是不争的事实。而在对全球气候变化以及温室气体排放的问题上，国际上一直争议不断。以中国、印度、巴西和南非等为代表的新兴经济体认为，全球气候变化主要是由发达国家在历史上的能源消耗排放引起的，因此发达国家应该承担更多的义务，应以历史上的总体排放量为减排的基础；而发达国家则希望各国都应进行总量减排，新兴经济体应限制过快的排放增长。在这种背景下，诱发了各国对传统能源消费观进行重新思考，一方面强调新能源技术的研发与应用，增加新能源开采总量；另一方面则减少传统能源的开采与使用。两个方面均会在一定程度上影响国家或地区的能源供需结构，诱发能源安全问题。

2.1.3.5　能源运输存在通道风险

中国石油进口大多依赖海外进口，其运输的主要方式就是海上运输；中国天然气则是通过管道运输和海上运输进口。当前，油气资源运输具有运送量大、运输距离长的特点，采用海运具有运量大、运费低和相对便利的优势。因此，海运便成为我国能源进口的主要运输方式，但海上运输常常伴随着海上势力的干扰，并且中国的军事力量在国际运输航线中没有实际的控制权，导致了中国的能源运输存在着通道风险，对我国能源安全体系产生了威胁。

2.1.4　能源安全影响因素

能源供给安全是一个受多种因素影响的复杂系统，早在90多年前，温斯顿·丘吉尔就针对能源供给安全做出阐述，认为"石油供应的稳定和安全，关键在于多样化"（Yergin D，2006）。能源品种、来源地和能源市场供应商多元化是应对能源供应风险的重要手段。在对未来社会经济长远发展认知有限甚至未知的情况下，多样化策略被认为是保障长期能源供应安全的最好选择（Stirling，1994）。APERC（2007）认为影响能源供应安全的因素主要来自以下五个方面：①燃料储备及国内外供给者情况；②经济体满足预期能源需求的供给能力；③经济体能源资源和供给者多样化水平；④获取能源资源的便利性，与可得性相关的能源基础设施，如能源运输基础设施；⑤地缘政治因素。综合这一分析视角，本书将能源供给安全的作用要素划分为：能源来源（品种和来源地）、运输、战略储备、地缘政治、支付能力、技术、制度等多种因素。本书主要围绕能源因素、政治因素、经济因素和军事因素四个方面进行探讨。

2.1.4.1　能源因素

能源因素是影响能源安全的最直接、最重要的因素之一。一般来说，一个国家自身的能源资源越丰富，对经济发展的保障程度越高，能源供应的安全性就越高。若不考虑其他因素，本国能源受外界不安全因素影响的可能性就小，相对安全。但并不是说能源贫乏国家的能源安全问题就严重。如日本经历了第一次石油危机的沉重打击后，通过建立庞大的战略石油储备系统和其他一系列风险防范机制，其能源供应的风险得到了有效的控制。本书主要从以下两方面分析能源因素对能源安全的影响。

（1）能源对外依存度。能源对外依存度，又称对外贸易依存度或对外贸易系数（传统的对外贸易系数）。该要素主要被各国广泛用于衡量一国经济对国外能源的依赖程度，是指一国的进出口总额占该国国民生产总值或国内生产总值的比重。其中，进口总额占 GNP 或 GDP 的比重称为进口依存度，出口总额占 GNP 或 GDP 的比重称为出口依存度。能源对外依存包括依存度分析和多元化问题。降低能源依存度就是努力实现能源独立，减少国家对外来能源的依赖程度。当然能源独立是相对独立，并不是要消除能源进口，而是将对外来能源依赖成本的脆弱性降低到一个可接受的程度，有能力应对可能出现的国际能源风险。而多元化则是指通过利用增加能源供应源、能源品种的方式来分散和减少能源风险。多元化问题会受到诸多因素的影响，如地理因素、政治关系、运输设施、外交等。

（2）能源价格波动。能源价格的大幅度波动会带来一定程度的能源价格风险，进而影响能源安全。能源价格的波动往往与供应风险有关，因为供应中断往往有一定的时间过程，不是全面的和绝对的，但在这一过程中，因为供需紧张往往会导致能源价格上涨。而能源价格的变化，又会对世界经济造成严重影响。以石油为例，据世界银行行长沃尔芬森估算，如果每桶原油价格上升 10 美元并持续一年，那么世界经济增长率会减少 0.5 个百分点，而发展中国家受油价波动的影响更大，其经济增长率会减少 0.75 个百分点。当油价过高时，会使产品成本上涨，带来通货膨胀，引起国家经济的衰退；而当油价过低时，则会打击石油行业生产的积极性，限产甚至停产，导致石油供应短缺，引发石油危机，并影响国民经济的发展。因此，无论油价过高还是过低，都会对国家的经济发展构成严重威胁。综合以上分析可知，若一国要实现能源安全，就要保障能源价格的合理性。

2.1.4.2　政治因素

能源不仅是一种普通商品，而且已越来越具有政治属性。能源不但可以为一个国家的经济发展奠定物质基础，而且有利于增强国家的综合国力，提高国家在国际政治中的影响力。因此，近年来发生的石油危机、石油供应中断、石油价格剧烈波动等现象都与国际政治因素有关。政治因素对能源安全的影响主要表现在以下两个方面。

（1）能源进口国与出口国之间政治关系的恶化直接影响能源进口国的能源安全。以中东地区为例，中东地区是重要的能源资源地，拥有丰富的石油和天然气资源。然而，在种种因素的影响下，中东地区成为世界上政治体系最复杂、社会最动荡的地区之一，是大国博弈的主战场。美国、俄罗斯、欧盟国家、日本、中国、印度等各国根据自身的能源资源需求以及国家能源发展战略，围绕不同品种的能源以及能源金融产品展开博弈和竞技。在这场博弈中，美国长期处于主导地位，而中东石油输出国也凭此获得了较大的国际政治权力。特别是近年来，中东石油输出国家也开始与非西方国家，如俄罗斯、中国和印度等加强能源合作关系，新兴能源市场的国家正逐步增强对中东的地缘政治影响。

（2）能源生产国国内的政治因素会影响该国的能源供应能力和国民收入，进而对能源进口国的安全产生间接影响。以中东地区为例，中东局势发生变化后，该地区国家进入政治转型期和地缘政治失序期。一方面，中东各国可持续发展指标的下降使得中东国家的民生问题突出、社会矛盾激化。另一方面，出于国家利益需要，发生了地区领导权之争。如沙特、伊朗、以色列等地区强国间的相互制衡，OPEC 内部对市场份额的激烈争夺等现象的发生都激发了中东国家间的地缘政治矛盾。

2.1.4.3 经济因素

经济因素是影响能源安全的重要因素之一。从战略安全的角度来看，在和平年代，在核武器的威慑下，目前很难有国家仅仅利用战争手段来控制能源资源，所以能源供应中断多是由国际能源价格波动尤其是石油价格波动所造成的。更多的制约因素则源于经济因素对能源安全的影响，具体体现在以下三个方面：

一是能源安全的本质是对能源资源收益的全球分配。能源是世界上最大宗的贸易商品，其中的石油贸易体系更是在全球经济利益分配中扮演着重要的角色。以美元的石油定价权作为基础的货币体系，使世界形成了一个物质流与资金流相统一的结合体。石油进口国需要通过出口其他商品来换取美元，而石油输出国需要用获得的美元去换取其他商品，此时的石油价格则成为了全球进行利润分配的基础工具。因此，能源消费大国和地区，尤其是中国、美国、日本、欧盟等经济体可以通过控制全球流动性的快速增长，有效的抑制国际石油价格的剧烈波动，实现全球能源安全管理的平稳运行。

二是能源价格与经济竞争力有着密切关系。尽管当前真正意义上的能源供给中断未曾发生过，但能源市场波动所带来的经济性风险却是真实存在的。对于能源进口国来说，如果能源价格过高，超出正常水平，则会造成下游企业利润空间的大幅减少，并扭曲经济资源的配置格局，扼杀制造业企业的创新能力，同时增加消费者的生活成本。而对于能源出口国来说，虽然较高的能源价格可以带来大量的货币资金，使本币升值，并提高利润率，但过高的能源价格会使能源出口国的物价上涨，劳动力成本升高，这样将会使其他工业的发展失去动力，因为任何其他工业都无法提供像能源工业那样高额的利润率。

三是国际收支变动会对能源安全产生重要影响。国际收支是指一个国家在一定时期内由对外经济往来、对外债权债务清算而引起的所有货币收支。狭义的国际收支是指一个国家或者地区在一定时期内，由于经济、文化等各种对外经济交往而发生的，必须立即结清的外汇收入与支出。广义的国际收支是指一个国家或者地区内居民与非居民之间发生的所有经济活动的货币价值之和。该要素是一国对外政治、经济关系的缩影，也是一个国家在世界经济中所处的地位升降的反映，主要通过国际收支变动指数来体现。当能源价格大幅上升，能源进口国国际收支中的费用支出增大，国际收支平衡受到破坏。国内生产成本会大幅度增加，诱使产品价格上升，从而可能引发通货膨胀。国际市场能源价格下跌，能源出口国国家收入减少，影响财政收支预算，同时也影响能源行业的发展。

2.1.4.4　军事因素

军事因素对能源安全的影响是多方面的，主要包括以下两个方面：

（1）从运输方面来看，拥有强大、反应快速的海上军事力量可以对能源海上运输线进行良好的保护。以马六甲海峡为例，马六甲海峡是亚洲、非洲、欧洲以及大洋洲之间互相往来的海上枢纽，是全球油、气运输的关键的海上运输通道，是多个国家的海上石油运输线。而当前的马六甲海峡除了政治形势以外，其军事形势也错综复杂。美、日、俄等国积极插手对马六甲海峡的控制，东南亚和南亚国家也意图干涉马六甲海峡，同时海盗及恐怖主义也日渐猖獗。因此，只有拥有强大的、反应迅速的海上军事力量，才能很好地保护能源的海上运输线，才能更好地保障能源安全战略的实现。

（2）体现在对主要能源生产地的军事干预能力上。一国对资源产地的军事干预能力越强，资源就越有保障。以海湾战争为例，海湾地区拥有丰富的石油和天然气资源，是主要的石油产出地，美国、西欧、日本进口的石油相当大的一部分来自海湾地区。美国等国为了避免其石油供应受制于伊拉克，发动了自冷战结束后的第一场大规模武装斗争，以强大的军事干预能力使伊拉克最终接受了停火协议。通过海湾战争，美国进一步加强了与波斯湾地区国家的军事、政治合作，强化了美军在该地区的军事存在，并有效地保障了美国及其盟国的石油供应安全。

2.2　区域能源安全的基础理论

2.2.1　区域能源安全的内涵

能源是人类赖以生存的基础，也是社会发展的动力。随着能源消耗的不断增加，能源安全成为许多国家和地区实现国家安全的重要保证。自 2010 年以来，中国取代了美国，成为世界上最大的能源消费国（2017 年占世界能源消费总量的 23.2%），我国不同地区政府和企业的决策者和利益相关者均面临着不同程度的能源安全威胁，如能源供应期限短、能源价格波动和能源消费环境等问题。从 1999 年到 2018 年，中国大约发生了 72 起能源安全事件，其中最具代表性的是 2008 年的灾难性冰雪灾害，造成了严重的煤炭运输道路拥堵，导致火电供应不足。这一系列能源安全突发事件均敲响了各地政府区域能源安全的警钟。

由我国能源生产格局分布情况可知，当前我国区域能源安全问题主要表现在两个方面：一是能源生产与消费结构不均衡。2018 年，虽然我国能源总产量达到 37.7 亿吨标准煤，位居世界第一（Chang，2018），但各区域在能源禀赋、经济发展、产业结构、技术发展乃至社会和文化习俗方面差异很大，其中能源燃料和服务流量之间更是存在很大的空间差异（Zhang et al.，2017）。根据《中国统计年鉴》资料分析可以看出，当前我国东部省份经济发达，但能源基础储量薄弱、能源消费量巨大；中部省份能源储量分布不均，且高污染、高能耗企业众多；西部地区能源储量丰富，但能源利用方式粗放，环境破坏严重。二是能源依存度高。由于石油和天然气短缺，我国对能源的依赖程度持续上升。2018 年，我国对国外的能源依赖程度约为 21%，同比增长 1%。能源进口 9.7 亿吨标准煤，其中石油占 66%，天然气占 16%，煤炭占 18%（《中国能源发展报告》，2017、2018、2019）。同时，各地区能源依存度也较高，主要表现为区域能源的可持续生产与消费不均衡。此外，由于我国缺油少气，油、气能源的对外依存度持续上升，其已成为我国各地区能源安全的核心表现。

总之，区域能源安全和国家能源安全是相互依存、相互影响的。区域能源安全则是以一国次级地域空间为基本研究单元，在特定时间（临时、近期、中长期）和一定合理价格、经济技术可行等技术经济条件下，区域能源供应能够持续、稳定、高效、清洁地满足指定空间地域内区域经济增长、社会进步、居民需求、环境友好等能源需求，维持能源供需总量和结构基本平衡的一种状态。区域能源安全着重于区域能源安全问题的异质性与脆弱性分析，区域能源供应的稳定性与使用的安全性是区域能源安全研究的有机组成部分（刘立涛等，2011）。王胜等（2014）从复杂系统理论出发，在界定区域能源安全内涵的基础上，从时间空间、内外联动系统等多角度系统阐述了区域能源安全系统复杂性及其表现，对区域能源安全态势问题进行初步探讨；胡健等（2016）基于系统性分析原则，综合分析基层指标的不同变量内涵，在参考欧洲环境局的 DPSIR 模型结构的基础上，构建了反映区域能源安全次级指标的基本框架。

2.2.2 区域能源安全的特征

2.2.2.1 动态性

区域能源安全涵盖长、中、短期能源安全以及动态均衡研究的有机组合。区域能源安全受特定时间段的安全状况的影响，又受区域能源的长期安全战略的影响。区域能源的动态性直接关系着各地区的能源供给、能源消费和经济社会的发展。如我国各地石油产量低，消费量大，石油消费超过了 GDP 增速，而石油生产却一直维持小幅增长，原油对外依存度增速过快，每年都有 3 个百分点左右（超过美国），对能源生产和节能减排都带来巨大压力。对区域能源安全动态性的把握，有利于清晰自身的能源安全形势，规避能源风险，兼顾长短期的动态均衡。

2.2.2.2 复杂性

区域能源安全体系作为国家能源安全体系的重要组成部分，自身又是一个组织相对严密、涉及诸多利益相关主体的动态复杂系统。首先，从区域能源供需均衡上看，既有时间上的考虑，又有空间上的差异，区域本质上因存在资源禀赋、经济发展水平差异，因而导致其在能源生产（供给）和消费结构方面表现出多样性和差异性。其次，从能源结构上看，既有能源生产和能源消费结构上的复杂性，同时还包括自身系统和外界（政策、经济社会、环境）系统交流上互动关系的复杂性，特别是其与外界其他系统的政策、经济、社会、生态等系统之间存在多种耦合关系。可以说，区域能源安全会受区域资源禀赋、区域经济政策导向、区域经济规模、能源产业景气水平、行政级别、能效技术水平、居民生活水平、突发和突变事件等多种因素的影响和扰动。最后，从能源供应链上看，包括区域一次能源的采集、供给（包括进口）、储存、加工转换、贸易、运输到终端消费、回收再利用等，每一个环节都关系到整个区域能源体系的安全问题，其中任何一个环节出现梗阻都有可能引发"蝴蝶效应"，对整个区域能源安全造成重大影响。

2.2.2.3 脆弱性

对不同地区或者同一地区的不同时期来说，能源安全风险所造成的破坏程度存在差异，即表现为不同程度的能源安全的脆弱性。能源安全供给脆弱性可以用来表示一个区域在出现能源供应干扰或破坏时可能造成的损害程度，区域能源安全供给脆弱性包括区域能源安全供给的外部风险和内部保障能力两个方面。由于各个地区对能源安全供给风险的敏感性以及缺乏应对风险的能力，使得该区域向着不利于实现可持续发展的方向演变，该特征是能源安全管理系统的一种内在属性，其脆弱性大小主要是通过系统对扰动的敏感性和应对能力表现出来。若一个地区面临的能源安全供给风险越大，且应对风险的能力越低，则该区域的能源安全供给脆弱性就越高。

2.2.3 区域能源安全的表征

2.2.3.1 能源生产与消费之间的缺口加大

当前我国能源对外依存度持续加大，各地区能源生产与能源消费之间出现不平衡，其缺口逐年加大。20世纪初，我国各地区经济发展水平差异较小，能源尚能实现自给自足，之后随着各地区经济的快速增长，各地区能源需求量逐年加大，逐渐形成了较高的能源对外依存度。目前我国无论是储备丰富的煤炭资源，还是能源存储量低的油气资源，一方面受到资源开采条件和技术的限制，能源供给仍然无法满足能源需求量，另一方面受到突发的外在环境要素作用，使能源生产与能源消费之间存在较大的缺口，且缺口程度逐年加大，这在一定程度成为诱发能源安全事件的关键诱因。

2.2.3.2 区域能源储量分布不均衡

我国能源储量总量丰富，但储量分布不均，储采比相对较低。我国能源分布整体呈现北多南少、西多东少、资源分布与地区经济发展不均衡的特点。这种不均衡的能源储备情况会对我国经济发展造成一定的阻碍。储采比是反映我国能源禀赋的核心指标，而能源核心禀赋是本国可供自身开发生产的资源基础，可以反映一国能源的安全程度。当前，我国能源储采比低于世界平均水平，说明我国能源安全存在较大隐患。因此，能源储量有限也是诱发我国各地区能源安全的一个重要因素之一。

2.2.4 区域能源安全影响因素

2.2.4.1 能源因素

能源因素是影响区域能源安全最直接、最重要的因素之一。《国家能源战略》（2007）指出，能源安全是一个全局性、战略性和前瞻性的问题，它不同于能源产业安全，也不同于能源生产安全，是一个综合的概念。对于区域能源安全的能源因素影响更多是源于能源市场供需失衡导致，而非价格波动，原因在于我国能源价格采取的定价机制并不会影响各地区的能源安全，当一个地区（特别是能源储备匮乏地区）面临市场供给缺口较大时，容易引发区域能源安全事件。于宏源（2019）认为，能源体系的平稳运行依赖于能源获取与支出的动态平衡，当前我国能源体系面临的主要内部威胁为不同地区的能源储备差异所形成的对外依存度过高，同时能源价格体系中的金融能力尚未得到实质性进步，而这也导致了各地区对能源供需失衡的诱因很敏感。

2.2.4.2　运输因素

我国目前的能源消费结构中，以煤炭、石油、天然气、电力为主，因此，国内主要能源输送通道有西煤东运通道、西电东送通道、西气东输通道和原油输送通道，铁路、水路、管道输送承担了我国绝大多数煤炭运输任务。目前我国的能源运输通道仍然存在一定的局限和不足，包括总体运输能力不足、配置不均衡、集散配套系统不协调、基础和配套设施不完善等，这些都对我国能源运输安全造成了一定的阻碍。重视能源运输安全对国家能源安全的影响，继续改善我国能源运输通道的运送能力，加快我国能源在生产地和消费地之间的调转速度，有利于促进我国区域能源的协调发展。

2.2.4.3　经济因素

经济因素是对区域能源安全产生重大影响的一种间接因素。以往对能源安全的经济风险关注较少，实际上，能源供给的中断只是一个理论上的可能，并不是一个随时都可能发生的现实威胁。因此，作为经济基础的能源，其经济风险是一个常态化的但又时常被忽略的问题。经济因素对区域能源安全的影响主要受制于各地区的产业结构和经济发展水平。经济发展水平越高的地区，所面临的能源安全风险就越高，因为经济发展建立在一定的能源消耗基础之上。经济发展所带来的能源消费包括两部分：一部分是由生产技术水平所决定的，一般说来，这部分消费与经济增长的关系在短期内不会发生较大变化；另一部分是由管理水平、市场环境、产业结构等因素决定的能源消耗水平，即体制性因素决定的能源消费水平。这部分能源消费可变性较大，是引起能源消费增长与经济增长关系不稳定的主要原因。

2.2.4.4　可持续发展因素

在能源生产和消费过程中引起的资源生态破坏和环境破坏是一个不容忽视的问题，它不仅影响到能源系统的安全和稳定，也对国民经济的可持续发展和民众的身心健康带来严重的负面影响。当前，"富煤、少气、缺油"的能源结构决定了我国依赖煤炭等资源的消费，但由于煤炭本身所带来的环境负效应性会导致我国环境遭受到强烈的破坏，同时，煤炭等资源的不可再生性也会给我国的能源消费结构带来一定的压力，因此，能源的清洁化和低碳化已经成为中国能源安全的重要发展目标。在"十三五"能源规划工作会议上提出了中国的能源战略将坚持"节约、清洁、安全"的发展方针，落实"节能优先、立足国内、绿色低碳、创新驱动"四大战略，围绕加快建立安全、清洁、高效、可持续的现代能源体系的任务要求，立足当前，着眼长远，从根本上解决影响中国能源科学发展的长期性、深层次问题。基于此，各地区加快推动新能源技术和清洁能源技术的开发与应用，通过碳减排市场的交易行为等举措，一方面通过可再生能源的突破来实现能源消费结构的优化；另一方面通过优化减排结构来缩减不同地区的能源消耗差异所带来的环境影响，在这种环境背景下，使我国各地区的能源安全管理水平呈现出良好的发展态势。

2.3 区域能源安全测度指标及评价方法研究

2.3.1 区域能源安全指标测度相关研究

2.3.1.1 区域能源安全指标要素分析

能源安全指标的界定是能源安全识别的基础和前提，能源安全评价方法是识别能源安全状态的重要工具和手段。关于能源安全指标的相关研究文献非常丰富（D. Greene et al., 2010），学者们认为监测、测量和评估能源安全是对经济、社会和环境产生重要影响的有用工具。基于各国能源和气候变化有关的不同政策环境背景下，有学者认为解读能源安全指标应是基于模型的情景分析来阐释（L. Cheste, 2010），可以分为短期（操作上的）和长期（与资源、运输、储存和交付的充分性有关）。无论何种类型的能源安全威胁均需要通过定量和定性的方法来分析，但从根本上来讲，只有可量化的能源安全指标才具有分析性的潜力，有利于评估发展方案的制定。

部分学者在解读能源安全指标过程中提出了不同的能源安全指数，来比较国家或地区之间的绩效或跟踪国家或地区绩效随时间的变化。在这些研究中，首先是基于特定的考虑因素或理论框架来确定指标，然后是收集所选指标的数据、归一化、加权和聚合，以给出一个或多个综合能源安全指标。这些研究结果表明，能源度量指标的选择存在很大差异（Choong, 2015）。Radovanović 等（2017）运用主成分分析（PCA）来评估各个指标对能源安全指数的影响，发现能源强度、人均 GDP 和碳强度对能源安全的影响最大。Sovacool（2011）定义了一个具有 20 个维度和 200 个属性的索引，在此基础上，Sovacool 和 Mukherjee（2011）将能源安全指标的度量维度数量缩减到了 15 个，将属性的数量减少到了 20 个，并将该指数应用于一组国家或地区，结果表明日本在所考虑的 18 个国家中拥有最高的能源安全指数。2015 年之后，Choong 等人系统梳理回顾了涉及能源安全指标的 53 项研究，发现所评价的指标数量从少数到 60 多个不等，其中约 2/3 的研究采用的能源安全度量指标不超过 20 个。这些学者有关能源安全指标的研究成果主要用于以下两个方面：一是将能源安全指标与国家或地区长期绩效的相关联；二是将能源安全指标作为一种度量维度用于比较不同国家或地区间绩效差异，总体来说，度量能源安全的指标名称及数量并无显著差异。

赫非芬达尔·赫希曼指数主要反映了某个国家或地区对个别供应商的依赖程度。该指数间接指明了一个国家或地区的能源安全指标（M. Radovanović et al.，2017）。长期供应安全供应/需求指数（SD 指数）是根据与供应安全识别所有可能相关的专家评估而设计的，涵盖了能源的需求、供应、转换和运输，它是一个综合指标（即指数），包含 30 个单独的指标，并考虑了需求、供应和运输的特点（M. Radovanović et al.，2017）。根据 Kruyt 等（2009）的研究表明，该指数与其他指标的基本区别就在于，SD 指数试图掌握整个能源范围，包括转化、运输和需求（考虑到能源使用的减少会降低供应中断的总体影响）。可以说，六要素风险外部能源供应完全以供应为导向，并且仅考虑多元化水平，尤其着重于评估发电产品的运输安全性。

此外，还有学者提出了石油脆弱性指数（OVI）（E. Gupta，2008），该指数是石油脆弱性的综合指数，主要包含 9 个指标：①石油进口总值与国内生产总值的比率；②每单位 GDP 的石油消耗量；③人均国内生产总值；④石油在能源总供应中所占的份额；⑤国内储备与石油消耗之比；⑥地缘政治石油供应集中风险的暴露；⑦供应来源的多元化；⑧石油供应国的政治风险；⑨市场流动性。通过对脆弱性指数（E. Gnansounou，2008）这一综合指标的系统梳理可知，有学者认为其核心度量指标包括 5 个：能源强度、能源进口依赖、与能源有关的碳排放量与一次能源供应总量（TPES）的比率、电力供应脆弱性、运输燃料缺乏多样性（M. Radovanović et al.，2017）。

而综合能源安全绩效指标（AESPI）（Martchamadol et al.，2013）通过考虑代表社会、经济和环境维度的 25 个单独指标而制定。该指标的范围从 0 到 10，且需要时间序列数据进行估算。AESPI 的优势在于它不仅有助于了解一个国家过去的能源安全状况，而且还有助于在考虑能源政策和计划的情况下评估未来的能源状况，从而可以监控政策的影响。而社会经济能源风险是一个综合指标，主要通过以下指标维度来度量：能源来源多元化、能源资源可利用性和可行性、能源强度、能源运输、能源依赖、政治稳定、市场流动性和 GDP（M. Radovanović et al.，2017）。

总体来说，区域能源安全维度的概念化和界定是进行能源安全分析的第一步。这些方面必须辅之以与此相关方面的研究成果，并试图量化已识别的能源安全风险源和关注点，将指标汇总到综合指数中，才可以用于各地区比较能源安全风险爆发的可能性。

2.3.1.2 能源安全指标测度方法研究

（1）可计量均衡（CGE）模型。可计量均衡（Computable General Equilibrium, CGE）模型作为政策分析的有力工具，可以模拟复杂的部门关系，也可以研究许多投入产出模型不能模拟的重要经济变量。因此，自约翰森（Johansen）1960年提出第一个CGE模型以来，经过多年的发展，CGE模型得到了不断的发展和完善，已经成为国外发达国家以及世界银行、国际贸易组织等机构重要的政策工具。特别是20世纪80年代以来，可计量均衡CGE模型在世界范围内得到了广泛的应用，已经成为政策分析模型的主流工具之一，该模型也被广泛地应用于国际能源经济与环境领域的研究。有学者通过可计量均衡模型（CGE）来对比分析能源生态承载力和生态足迹，以此来分析能源使用安全状况。同时，为了弥补定量分析全球能源互联网的经济影响这一重要却缺乏研究的领域，冯晟昊等（2019）也采用可计算一般均衡模型量化分析了其所构建的CGE对中国及周边地区的经济影响。

（2）因子分析法。因子分析法是考察多个变量间相关性的一种多元统计方法，它研究如何通过少数几个因子来解释多变量的方差－协方差结构。具体来说是导出若干个主因子变量，使其尽量多地保留原始变量的信息，且彼此线性无关（张坤民，2003）。目前采用此方法对能源安全进行评价的学者很多，其中郭伟等（2013）运用因子分析法确定指标权重，并根据3西格玛法则划分指标状态并赋值，对我国能源安全状态进行了评价。孙梅等（2007）利用因子分析法来构建中国能源安全的检测预警系统，并以上海市为例进行了实证分析。苏飞等（2008）则构建了区域范围的能源供给脆弱性评估模型，建立了包含能源的消耗弹性指数和生产弹性指数、对外依存度、人均GDP等指标的评价体系，并运用因子分析方法给定评价指标的权重。范爱军（2018）从我国的能源供给安全、能源消费安全以及能源环境安全三个子系统出发，归纳14项测度指标，构建我国能源安全综合评价体系，利用因子分析法确定各项指标权重，对我国1995~2015年的能源安全状况进行量化分析，并通过3西格玛法则确定我国能源安全的等级。

（3）层次分析法。层次分析法是指将一个复杂的多目标决策问题作为一个系统，将目标分解为多个目标或准则，进而分解为多指标（或准则、约束）的若干层次，通过定性指标模糊量化方法算出层次单排序（权数）和总排序，以作为目标（多指标）、多方案优化决策的系统方法。层次分析法是将决策问题按总目标、各层子目标、评价准则直至具体的备投方案的顺序分解为不同的层次结构，然后用求解判断矩阵特征向量的办法，求得每一层次的各元素对上一层次某元素的优先权重，最后再用加权和的方法递阶归并各备择方案对总目标的最终权重，此最终权重最大者即为最优方案。层次分析法比较适合于具有分层交错评价指标的目标系统，而且目标值又难于定量描述的决策问题。张华林等（2006）在石油安全评价中，运用层次分析法构建了不同层次及各类因素中全部指标的判断矩阵，通过矩阵运算和一致性检验，得到各级指标的权重及层次单排序、层次总排序。

（4）主成分分析法。主成分分析（Principal Component Analysis，PCA），是一种统计方法。通过正交变换将一组可能存在相关性的变量转换为一组线性不相关的变量，转换后的这组变量叫主成分。有学者采用德尔菲法、主成分分析法，选取出储采比、储量替代率、石油消费对外依存度、石油进口集中度、国际原油价格和国内石油储备水平 6 个指标，构成一个新的综合指标（何贤杰等，2006），来评价我国石油安全度，以此来对我国石油安全形势进行预判；而宋杰鲲等（2008）则基于供需、运输、灾变、经济和环境等因素，建立了 5 大类 12 项指标构成的煤炭安全预警指标体系，并综合运用主成分分析、自回归和 K 均值聚类等方法，建立了煤炭安全预警模型来测算出煤炭安全度。

2.3.2　区域能源安全评价相关研究

2.3.2.1　区域能源安全评价指标要素分析

区域能源安全评价关系到一个国家的经济发展和社会稳定，如何详细、全面地评价区域能源安全状况，分析影响因素并找出系统性的应对策略，对于建设生态文明、保障能源安全和促进地区经济社会可持续发展具有重要的现实意义。刘立涛（2011）在明晰区域能源安全概念的基础上，辨识出区域能源安全与国家能源安全内涵的差异，系统地构建了中国区域能源安全评价指标体系。通过系统梳理不同学者对区域能源安全指标的研究成果发现，目前共有 10 类指标被广泛应用于评估区域能源安全程度的指数，主要包括香农—维纳指数（Shannon Wiener Index，SWI）、赫芬达尔—赫希曼指数（Herfindahl Hirschman Index，HHI）、能源供给安全供/需指数（Supply/Demand Index for Long-term Security of Supply）、石油脆弱性指数（Oil Vulnerability Index）、外部能源供应风险指数（Risky External Energy Supply）、社会经济能源风险法（Socioeconomic Energy Risk）、美国能源安全风险指数（The US Energy Security Risk Index）、能源持续性指数（Energy Sustainability Index）、欧盟联合研究中心所提出的能源安

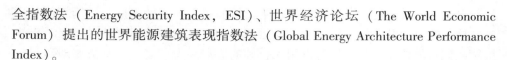

全指数法（Energy Security Index，ESI）、世界经济论坛（The World Economic Forum）提出的世界能源建筑表现指数法（Global Energy Architecture Performance Index）。

（1）香农—维纳指数。香农—威纳指数（Shannon Wiener Index，SWI）主要是借用了信息论方法，将区域能源安全指数的主要测量对象定义为系统的序（order）或无序（disorder）的含量。其中 Jansen 和 Van（2004）通过测度香农—维纳多样性指数（SWI）来衡量能源进口的多元化，利用能源储量、生产和消费结构、进口依存度以及进口国的政治稳定性等影响因素，分析和评估国家长期能源安全状。而 Kostas Andriosopoulos 则采用时间序列聚类方法和基于香农—维纳多样性指数的三种能源安全指标，对欧盟国家在 1978~2014 年的能源安全历史进行评价研究，结果表明欧盟国家整体的能源安全得到了改善，从而验证了一次能源的多样化是主要的区域能源安全驱动因素。我国学者王小琴等（2016）是利用香农—威纳多样性指数和 Pielou 均衡度指数，计算和分析了美国和中国近 5 年来的能源供应及进口情况，进而对其能源安全进行了对比研究。

（2）赫芬达尔—赫希曼指数。赫芬达尔—赫希曼指数（Herfindahl Hirschman Index，HHI）是指一个行业中各市场竞争主体所占行业总收入或总资产百分比的平方和，主要用以度量市场主体的市场份额的变化，即市场中厂商规模的离散度，是一种测量产业集中度的综合指数。虽然 HHI 原本是用于计算产业集中度的，但在能源研究领域，该指数通常用来衡量能源进口来源的市场集中度，在能源安全领域评价中也应用较多。赫芬达尔—赫希曼指数（HHI）可以反映能源结构（包括进口来源结构和消费结构）上的问题，有学者直接用这两个指数来对能源安全进行评价。2007 年，国际能源组织（IEA）的一份研究报告就是通过测算 HHI，确定了石油、煤炭和天然气的国际市场集中度，同时考虑了供应国的政治稳定性，从而得出国际天然气最为安全、煤炭次之、石油安全性最差的相关研究结论。而我国学者王强和陈爱娇（2016）则应用赫芬达尔—赫希曼指数测算了福建省能源进口地的多样性指数，指出福建地区的能源安全状况。

（3）能源供给—需求指数。能源供给—需求指数（S/D 指数）主要侧重于中长期能源安全研究，其主要从最终能源需求、能源转化与运输和一次能源供应三方面对区域能源安全状况加以度量。①最终能源需求：主要是基于 S/D 指数模型能源需求基准情景（Business-as-usual Scenario）来设置，选取生活、工业、第三产业以及运输四大部门能源强度作为基准参数。②能源转化与运输：S/D 模型分析了三种二次能源：电力、热和交通能源。模型主要研究了能源转化效率、电网覆盖、发电的充分性与可靠性；热、燃料运输和提炼的充足性与可靠性。③一次能源供应：主要评价了一次能源资源产地（本国生产、欧盟其他成员国进口、欧盟外进口）与长期、短期进口合同对能源供应安全的影响。

（4）石油脆弱性指数法。石油脆弱性指数法（Oil Vulnerability Index）是被广泛应用于评估区域能源安全程度的方法之一。我国学者李玮（2015）构建了中国和美国石油脆弱性的评价指标体系，运用熵权法对脆弱性指数中的指标赋权，根据 2002~2012 年指标数据对中美两国石油脆弱性进行评价和比较。结果表明，中国石油脆弱性的波动程度比美国大得多。其中，中国石油脆弱性呈波动上升趋势，美国石油脆弱性呈波动下降趋势。中美石油脆弱性波动程度的比较表明建立完善的石油储备体系的重要性。

（5）美国能源安全风险指数法（The US Energy Security Risk Index）。能源安全指数法（Energy Security Index，ESI）是欧盟联合研究中心所提出的。国际能源署（2007）在能源安全评价领域进行了深入的研究，曾从价格方面建立了评价能源安全的能源安全指数，该指数先是基于反映能源来源集中度的赫芬达尔指数和进口国的政治稳定性建立了市场集中度指数，然后据此建立了基于价格的能源安全指数，并将能源净进口量占一次能源消费的比重作为定量的能源安全指数。其中，能源价格及数量这两个指数的乘积构成了事后能源安全指标，而市场集中度指数和能源组合多元化两个指标构成了事前能源安全指数。Guang Wu 等（2012）总结了中国能源安全的现状、能源安全的政策和环境保护措施政策的实施，分析其对中国区域能源安全产生的影响，并建立了能源安全指数的评价指标和模型。

除了上述的 5 种能源安全指数外，外部能源供应风险指数（Risky External Energy Supply）、社会经济能源风险法（Socioeconomic Energy Risk）、能源持续性指数（Energy Sustainability Index）、能源安全指数（Energy Security Index，ESI）、世界能源建筑表现指数法（Global Energy Architecture Performance Index）也得到学者的广泛认可和应用。通过对已有区域能源安全评价指标测度研究的成果梳理，不难发现现有评价指标具有以下特点：一是综合性、多维度指标测度方法越来越广泛地应用于能源安全评价中；二是主观权重分配法较多地被应用于指标集成中，成为当前国际上评价区域能源安全最流行的方法；三是能源安全测度研究方法也因时空尺度和所选指标不同而具有较大的探索空间。

2.3.2.2　区域能源安全评价方法研究

通过对已有文献的梳理发现，近年来，能源安全的定量评价研究方法日益多元化，国际上具有代表性的能源安全模型有 JESS 模型、ECN 模型、IEA 模型和 APERC 能源安全模型。此外，PSR 能源安全模型、DPSIR 模型、熵权评价方法、模糊综合评价方法、因子分析法、主成分分析法等统计分析方法在能源安全评价中的应用也日益广泛（见表2-1）。

表2-1　能源安全评价模型

内容	指标层	政策制定中采用情况	内容	指标层	政策制定中采用情况
JESS	供给与需求预测	N	天然气供应安全指数	NG 强度	N
JESS	市场信号	N	天然气供应安全指数	NG 净进口依存度	N
JESS	市场响应	N	天然气供应安全指数	国内 NG 产消比	N
ECN	应对危机的能力指数	N	天然气供应安全指数	地缘政治风险	定性
ECN	供给-需求指数	N	天然气供应安全指数	资源量估计	定性
IEA	能源价格波动风险指数	N	天然气供应安全指数	储产比	定性
IEA	能源供应中断风险指数	N	能源安全评价单项指标	多样性指数	N
IEA	一次能源多样性指数	N	能源安全评价单项指标	市场集中度	N
APERC	净进口依度	N	能源安全评价单项指标	进口依存度	Y
APERC	低碳能源需求指数	N	能源安全评价单项指标	净进口依存度	N
APERC	石油净进口依存度	N	能源安全评价单项指标	石油价格	Y
APERC	中东石油进口依存度	N	能源安全评价单项指标	单位 GDP 能源强度	Y
石油进口国石油脆弱性指数	市场风险	N	能源安全评价单项指标	低碳燃料份额	Y
石油进口国石油脆弱性指数	供应风险	N	能源安全评价单项指标	能源支出	L
石油进口国石油脆弱性指数	环境风险	N	能源安全评价单项指标	人均能源供给	L
石油进口国石油脆弱性指数			能源安全评价单项指标	交通石油消费份额	L

注：NG：天然气；N：未使用；Y：使用；L：有限使用。

（1）JESS 能源安全模型。2001 年 7 月，英国工业贸易部（Department of Trade and Industry，DTI）与天然气电力市场办公室（The Office of the Gas and Electricity Markets，OFGEM）成立能源供应安全联合研究小组（Joint Energy Security of Supply Working Group，JESS）（2002）对英国未来天然气与电力供应安全进行研究。研究结果表明，英国政府短期能源供应安全研究的重点在于增进对能源供应中断风险的认识及构建应急措施；长期能源安全研究则侧重于通过国内外能源市场自由化、能源资源多元化、国际间能源对话，认为及时、准确提供能源市场信息可以有效确保能源的持续供应，保障能源安全。

　　建立能源安全评价模型对能源供应安全进行监管是 JESS 的关键任务之一，JESS 围绕天然气与电力供应安全，从能源供需预测、市场信号和市场响应三个角度，构建了能源供应安全评价体系。JESS 基于所构建的能源供应安全指标体系，在对英国各地区能源安全现状进行评价的基础上，开创性地研究了能源安全不确定因素对预测能源安全状态的影响，如能效提高、全球能源价格上升等对未来天然气或者电力供应安全的影响。综合分析 JESS 能源安全模型可知，该评价模型建立的前提条件是能源交易市场为自由化的能源市场，能源价格作为市场信号直接影响消费者与供给者行为，并假设通过自由竞争能够保障供应安全。可以说，JESS 报告对英国能源安全政策产生了深刻影响，引起了能源市场行为主体的广泛关注。英国能源白皮书研究组要求 OFGEM 每半年提交一份电气工业安全运行报告。在这种情况下，OFGEM 则从 JESS 报告中吸取最新的电气市场安全信息，并在其提交的报告中对这些信息进行详细讨论。虽然 JESS 能源安全模型的提出以及相关信息的定期发布对英国能源市场行为主体具有一定的指导性，但是由于该模型仅仅考虑了天然气与电力供应安全，此外 JESS 能源安全模型建立的条件较为苛刻，这也在一定程度上限制了该模型的推广及运用。

　　（2）ECN 能源安全模型。MNP 与 CPB 就 2040 年欧洲能源可持续发展前期研究展开合作，MNP 委托 ECN（Energy Research Centre of the Netherlands）承担欧洲能源供应安全的前期研究工作（Zhang L. & Yu J，2017）。前期研究主要着眼于两个科学问题：①设计长期能源供应安全指数是否可行及如何设计；②天然气（长期）供应中断形成原因及其响应机制及成本。ECN 能源安全指数主要就是着眼于这两大科学问题而被提出的，具体是风险管理指数（The Crisis Capability Index）与供给-需求指数（The Supply/Demand Index）综合集成的结果。

　　欧盟委员会在 2006 年欧盟绿色能源研究报告中正式提出了 ECN 能源安全评价模型，为欧盟成员国提供了能源供应安全评估标准。该模型可以帮助欧盟成员国对其初步制定的能源政策进行审查和调整。欧盟委员会认为该模型发展成为政策工具，不仅能够帮助欧盟成员国优化其国家能源供应安全政策，还能对现有政策工具进行精简，有效提升欧盟整体的能源安全水平。ECN 能源安全评价模型的特点在于其综合考虑了短期与长期能源安全，且认为能源安全评价是能源供、求共同作用的结果；此外，与传统能源安全研究仅考虑部分相关因素（如一次能源资源主要关注石油和天然气，或者电力系统）相比，S/D 指数模型的创新性在于它综合地考虑了能源系统要素的影响。目前，S/D 指数模型已被广泛运用于欧洲能源供应安全的研究之中，如能源供应安全现状分析、能源供应安全脆弱性分析、现在与未来能源发展情景分析、不同能源政策影响分析、能源供应安全对温室气体排放及可再生能源发展的影响等。

（3）IEA 能源安全模型。国际能源署（IEA）能源安全模型主要从能源价格与供应中断两方面评估能源价格波动、能源供应中断对能源安全的影响（胡健等，2017）。在完全竞争市场中，单个企业的市场行为（定价、增产或减产）对市场定价影响甚微。与此相对，由于化石能源资源分布相对集中，化石能源生产大国市场行为具有较大的"市场影响力"。因此，在 IEA 能源安全研究中，"市场影响力"评估成为构建能源价格安全指数的基础。IEA 主要通过勒纳指数（The Lerner Index）、市场份额（Market Share）以及赫芬达尔－赫希曼指数（HHI）来测度市场影响力。而能源价格波动风险评价则主要通过市场集中度（ESMC）与能源安全指数（ESI）来实现。此外，由于液化气和管道天然气的贸易弹性不同，在评价其供应中断风险时，应区分不同的运输模式。当管道天然气供应不足时，受管道基础设施建设的限制，无法迅速从天然气市场的其他供应商处获取补充，因此，管道天然气供应中断风险成为天然气消费国保障能源供应安全面临的主要挑战。鉴于此，IEA 提出以石油指数合同采购的管道天然气占能源供给总量的比重，作为衡量能源供应中断风险的主要指标。该指数值越高，说明该国能源供应面临中断的风险越大。

综上所述，IEA 在 2007 年能源安全与气候政策相互作用评估报告中首次提出能源安全评价模型，该模型主要由价格风险指数 ESIprice 和供应中断风险指数 ESIvolume 构成。IEA 能源安全评价模型是基于能源市场结构理论，推动国际能源市场的有效运行来确保能源安全，即国际能源价格依据能源市场的供求关系确定。而这一假定本身与现实存在较大差距，使 IEA 能源安全评价结果的可信性受到质疑；另外，供应安全评价还忽略了本地及能源资源进口地化石能源衰竭、发展核能与可再生能源等因素对能源系统的影响。

（4）APERC 能源安全模型。随着 APEC（Asia-Pacific Economic Cooperation）地区经济和人口的快速增长，能源需求不断扩大，能源安全成为保障 APEC 地区能源可持续发展的关键一环。如何应对未来不断扩大的能源需求及逐渐衰竭的化石能源资源供给成为 APEC 成员国亟待探讨的问题。亚太能源研究中心（APERC）能源安全评价模型主要是从潜在供应风险、能源资源多样化及进口依存度 3 个维度，构建了能源供应安全指标体系，其底层指标有一次能源需求多样化指数（ESI_I）、净进口依存度（ESI_{II}）、低碳能源需求指数（ESI_{III}）、石油净进口依存度（ESI_{IV}）、中东石油进口依存度（ESI_V）（李勇建等，2015）。

有学者认为，APERC 提出的能源安全"4A"概念为 APEC 经济体保障能源安全指明了方向。APERC 在 2007 年寻求 21 世纪的能源安全报告中首次提出 APERC 能源安全模型，为 APEC 经济体监测其能源安全提供了模型基础，为 APEC 经济体掌控、应对未来能源供需形势，提升能源安全及可持续发展水平提供了政策选择。APERC 运用能源安全评价模型对 APEC 成员国 2004～2030 年间一次能源需求结构及能源供给量进行预测，分别测算了 APEC 成员国能源总需求、进出口各类能源资源的需求。尽管 APERC 能源安全评价模型对能源安全状况进行了测度，但缺乏对能源安全态势的整体判断；同时，APERC 对于国内能源生产、转化、运输与储备环节中存在的潜在风险缺乏考虑，忽略了能源效率改善、新能源与可再生能源发展等不确定性因素对能源安全的影响。

（5）PSR 能源安全模型。20 世纪 70 年代中期，美国统计局与加拿大两名统计学家 Tony Friend 和 David Rapport 合作，共同提出压力–响应环境统计系统（Stress–Response Environmental Statistical System）。该系统通过引进环境压力和环境响应两个概念指标，阐释了人们的生产、消费活动与环境状况变化的关系。之后，这种压力–响应的体系方法被 OECD 用以分析环境问题，并被 OECD 进行了一系列改良和完善，使该方法成为当前一套较为成熟的评价指标体系，并将其命名为 PSR（Pressure–State–Response）模型。该模型构建一个包含 1 个目标层（国家能源安全评价指标体系），3 个准则层（压力类指标、状态类指标、响应类指标），9 个指标层（国际能源价格波动系数、能源净进口、人均能源使用量、长期进口能力指数、外交冲突指数、已探明原油储量、能源强度、碳强度、外汇储备）的评价指标体系。有学者认为，该模型中的压力类指标主要反映对一国或一地区能源安全构成的威胁或存在的压力，即该类指标所反映的问题往往对能源安全有负效应。因此，压力类指标一般为负向指标，即该指标越大，对能源安全的威胁越大。状态类指标则主要反映一国或一地区的能源安全的现状，指标越大，能源安全状况越好。响应类指标主要反映一国或地区对提高其能源安全所做的努力，即一国政府对改善能源安全的支持政策和措施，即指标越大，对能源安全的贡献越大（胡剑波等，2016）。

（6）DPSIR 模型。DPSIR 模型是一种在环境系统中广泛使用的评价指标体系概念模型，它是作为衡量环境及可持续发展的一种指标体系而开发出来的，它从系统分析的角度看待人和环境系统的相互作用（朱成章，2012；迟春洁，2014）。具体的指标体系如表 2-2 所示。在 DPSIR 框架内，能源安全评价分析框架主要由能源安全驱动力、能源安全压力、能源安全状态及影响和政策响应5 个部分组成。陈兆荣（2013）认为该模型是根据科学性、可比性、可操作性原则，建立了区域能源安全评价分析框架。而张艳（2014）则在明晰广东省能源安全现状的基础上，利用 DPSIR 评价方法，分别从驱动力、压力、状态、影响和响应 5 个方面构建了评价指标集和能源安全综合评价模型，对广东省

1998~2008 年的能源安全进行了定量的评价。

表 2-2　基于 DPSIR 我国能源安全评价指标体系

目标层	要素层	指标层
能源安全	驱动力（%）	人口增长率（‰）
		经济增长率
		工业化水平
		城市化水平
		人均 GDP 增速
	压力	人均能耗（吨标准煤/人）
		电力生产弹性系数
		能源人口弹性系数
		人均电耗（千瓦小时/人）
	状态	能源对外依存度
		单位 GDP 能耗（吨标准煤/万元）
		单位工业增长值能耗（吨标准煤/万元）
	影响	工业废气排放总量（亿标准立方米）
		工业废水排放总量（万吨）
		工业废弃物产生量（万吨）
		工业二氧化硫排放量（万吨）
		能源消费弹性系数
		电力消费弹性系数
	响应	工业污染治理投资占 GDP 比例
		工业污染去除量（二氧化碳、烟尘、粉尘）
		工业废水达标率
		工业固体废弃物综合利用率
		新能源使用的比重

（7）熵权评价方法。熵权法是根据研究指标的差异性来客观地确定指标权重，目前主要应用于工程、经济等领域（朱成章，2012）。一般来说，若反应能源安全的某项指标的熵值越小，那么该指标值的差异性就越大；反言之，若这一指标的熵值越大，那么这项指标的差异程度就越小，对综合评价起到的作用相对也小，其对应的权重值也就越小。熵值法在研究区域能源安全时确定的权重值具有实际意义，一方面熵值法可以减少由于主观判断失误带来的误差；另

一方面可以放大不同年份评价值的差异。詹长根（2017）从能源资源保障能力、能源生产供应能力、能源市场获取能力、能源应急调控能力和环境安全控制能力 5 个方面，运用熵值法对广西壮族自治区区域能源安全方面进行综合评价；孙贵艳等（2019）考虑到能源的供应侧、需求侧、使用情况，从区域能源供应、能源需求、能源使用 3 个维度构建了区域能源安全评价指标体系，并利用熵权 TOPSIS 对我国不同省市的能源安全状况进行实证分析。

（8）模糊综合评价方法。模糊综合评价是美国自动控制专家查德（L. A. Zadeh）教授提出的概念，用以表达事物的不确定性，即在对某一事务进行评价时会遇到这样一类问题，由于评价事务是由多方面的因素决定的，因而要在对每一因素进行单独评语的基础上，再考虑所有因素做出综合评语。模糊综合评价的基本原理是将评价目标看成是由多种因素组成的模糊集合（称为因素集 U），再设定这些因素所能选取的评审等级，组成评语的模糊集合（称为评判集 V），分别求出各单一因素对各个评审等级的归属程度（称为模糊矩阵），然后根据各个因素在评价目标中的权重分配，通过计算模糊矩阵合成，求出评价的定量解值。甄纪亮（2018）运用模糊综合层次分析法将可再生能源开发决策过程中的各种指标进行定量化处理，提出了可再生能源发电产业综合评价指标体系。王淑贞（2011）基于一次能源结构的分类，建立了涵盖煤炭、石油天然气和能源经济 3 个子系统，37 个指标组成的能源风险预警指标体系，应用模糊综合评判和熵权相结合的方法建立了中国能源风险预警模型，对 1995~2008 年的数据进行实证分析，得到近几年能源安全态势相对良好但结构性矛盾突出的结论。彭红斌（2016）则从能源供应安全、消费安全和能源生态安全 3 个方面归纳出 17 个指标，建立中国能源安全综合评价指标体系，采用熵权法测度评价指标权重，运用模糊综合评价法计算出 2000~2013 年我国能源安全的综合得分，并指出中国能源安全整体趋势为先下降后上升，能源供应安全一直呈现快速下降趋势，能源消费安全整体趋势基本一致，而能源生态安全不断提高。而后范秋芳（2014）将层次分析法与模糊综合评价法相结合，构建出我国石油安全预警指标体系。孙永波（2015）则运用多级模糊综合评价法，对我国进口石油运输安全进行了评价。

2.3.3　区域能源安全系统仿真研究

2.3.3.1　系统动力学研究现状

系统动力学（System Dynamics）最早由美国麻省理工学院福瑞斯特（Jay Forrester W.）于 1956 年提出，每年全球各个领域的专家们都会召开一次有关如何利用系统动力学进行复杂系统研究的国际性会议。系统动力学是以控制论、系统论与信息论为基础，通过建立系统动态模型，借助计算机进行仿真模拟，预测系统发展趋势的一种较为成熟的研究复杂动态反馈性系统问题的方法，符合能源安全系统研究的现实要求。目前，系统动力学已被广泛地应用在理论创新、模型开发与实际应用中。国内部分学者分别运用系统动力学方法对煤炭、电力、石油等能源的未来使用趋势进行了模拟分析（谭玲玲，2009；韩金山，2010；唐旭，2010；郭玲玲，2015），这在一定程度上验证了系统动力学方法在能源系统研究领域的适用性。

2.3.3.2 区域能源安全模型建立及仿真

系统动力学发展至今被广泛应用于社会、经济、环境、能源等领域，王其藩教授一直致力于对"复杂大系统综合动态分析与模型体系"的理论、方法及其应用研究，而李爽等（2015）则在对能源安全和能源消费结构发展现状分析的基础上，应用系统动力学理论与方法，对我国能源安全和能源消费结构的关联机制进行了模拟和分析。郭玲玲等（2015）运用系统动力学理论，构建了中国能源安全的系统动力学模型，通过对产业经济、资源、人口、环境子系统参数的调控，预测能源生产量、能源消耗量、能源供需缺口与能源战略储备等变量的动态变化，模拟得到了我国能源安全系统的三种发展模式。Zhang 等（2014）运用系统动力学研究了中国经济、能源与气体排放的相互关系。还有学者运用系统动力学模拟工业废气排放量、GDP、能源消费总量、能源承载力因子四个变量的变化情况，以期对城市的能源承载力进行预测和评价，最终得出建立国家能源统计管理账户是保证我国能源安全的有力保障（皮庆等，2016）。孙家庆等（2017）则运用系统动力学的基本原理，建立了由供需系统及价格系统组成的天然气定价机制模型，从供需、经济效果、替代能源价格的影响及政府调控方面进行分析和评价，提出了理顺天然气价格机制的若干对策。

2.4　区域能源安全外生警源研究

突发性能源短缺是一种由自然灾害等突发事件引起的能源供应紧急状态，具有突发性、严重性、影响范围广的特点，一旦发生会给一个国家或地区的经济造成巨大的冲击。西方国家对突发性能源短缺应急问题的关注由来已久。以西方国家为主要成员成立于 1974 年的国际能源署的首要任务就是"保持和完善石油供应中断的应急系统"，定期从应急机构与政策、应急储备、需求限制、储备动用、能源替代、数据收集等方面对成员国的应急能力加以评估，并制定石油供应中断和短缺的应急响应体系。如今，与区域能源安全外生警源相关的研究成果较少，正确把握区域能源安全态势并及时作出预警，减少能源消费总量控制对经济社会发展带来的冲击，是当前各级管理者和研究者面临和必须解决的重要课题（刘立涛，2012）。

王胜（2014）在加强对区域能源安全运行问题的研究中，构建了基于"双控制"下的区域能源安全预测预警体系，探讨区域能源供需与经济增长的联动约束机制。胡健（2017）在综合模糊积分、神经网络和遗传算法的基础上，设计了区域能源安全外生警源分级预警的 FI-GA-NN 模型，以区域能源安全外生警源为研究对象，对区域能源安全事件案例进行收集及整理，构建了能源安全外生警源预警指标和数据集。李勇建等（2015）则针对非常规突发事件以及事件发展演化过程进行了研究，涵盖事件本身、事前、事中到事后的各个层面，对非常规突发事件的研究，在总结前人研究基础上界定了非常规突发事件的特性分类特征，基于事件发展阶段的角度，强调事前对事件监测预警和应急准备体系构建的研究，专注于事中处理应急响应，致力于事后应急救援，反思现有应急体系的研究。

而杨涛（2014）从警源的生成机制来看，指出诱发能源安全事件的警源可以分为外生警源和内生警源，其中外生警源指因外部宏观环境变化而产生的警源，内生警源主要指由于企业内部运行情况而产生的警源。郑言（2013）也指出，能源安全的外生警源是指能源系统外部因素，例如国际政局震荡、外交关系、战争等。根据特定的研究背景定义，有学者同样指出由于区域能源系统的外部影响因素发生变化，如能源价格的波动、能源政策的调整、突发自然灾害等，导致区域能源系统随之产生扰动，并由此引发威胁区域能源安全的连锁反应事件，并将影响到区域能源系统安全的外部性要素界定为外生警源。区域能源安全外生警源预警策略模块如何根据区域能源安全的状况和能源安全外生警源的特征，来寻求降低能源安全等级的主要对策与建议，是区域能源安全外生警源预警框架中的决策功能模块，即区域能源安全外生警源预警策略模块，该模块可以为决策者在面临能源安全事件时提供一定的决策参考。

2.5　研究现状评述及分析

综合以上分析可知，能源是现代化经济发展的基础和原动力，能源安全与国家发展紧密相关，区域能源安全是影响区域经济发展和社会稳定的关键所在。

近年来，许多国家和地区在走可持续发展的道路中，逐渐认识到区域能源安全研究的重要性，并着手制定区域能源安全保障措施。通过对国内外有关能源安全的相关文献梳理发现，尽管国内外学者已经在区域能源安全相关领域取得了一些成果，并为本领域的后续展开奠定了良好的理论基础，但对区域能源安全预警研究还处于协调和探索阶段，亟待从学理上进行科学研究。问题集中表现在：第一，目前关于能源安全的研究更多集中于国家战略层面的研究，对区域能源安全的相关研究较少；第二，多数是从宏观角度来研究国家区域能源安全评价体系，很少涉及区域能源安全外生警源的概念；第三，研究方法多集中在定性研究方法和简单的统计分析方法，采用前沿性的科学方法（如案例推理、规则挖掘等分析方法）研究成果几乎没有；第四，国内外学者对区域能源安全的提前警源识别与预警研究较少，多数成果集中在区域能源安全的外生影响因素波动（如能源价格）上。区域能源安全预警对其外生警源识别与预警有着迫切需求，因此，有必要在现有区域能源安全及其预警理论思辨和实证研究的基础上，基于决策支持角度来有效识别出影响区域能源安全稳定性的外生警源，即构建提高区域能源安全预警效率的"对症"方法。也就是说，现有区域能源安全预警理论研究中急需补充智能决策支持角度的外生警源识别与预警等相关内容，而区域能源安全外生警源识别与预警需要较好地被决策者所理解，并且能够较好地解释给区域能源安全系统的利益相关者。

区域能源安全外生警源具有突发性、非线性和复杂性等特点，宜采用智能化方法来解决能源安全外生警源的识别问题。遗传神经网络可以通过历史样本来训练网络，然后对新样本利用训练好的遗传神经网络进行识别和判断，该方法正适合解决区域能源安全外生警源的识别问题。遗传神经网络是定义在神经网络基础上的一种非线性函数，它不仅能够解决评价指标间具有相关性的问题，而且能利用神经网络的自学习、自组织、自适应能力来克服主观因素的影响，发挥神经网络泛化的映射能力，使神经网络具有快速的收敛速度。因此，利用遗传神经网络方法能快速对区域能源安全外生警源进行识别。

案例推理（Case-Based Reasoning，CBR）正是具有易理解性和易解释性特点的一种方法体系，它源于认知科学领域，是一种运用以前积累的知识和经验进行解决问题的推理方法（Kolodner J. L.，1992）。自案例推理于 20 世纪 80 年代提出以来，经历了 20 世纪 90 年代的理论与应用成熟期和 21 世纪初期的软案例推理飞跃期。通过对人类认知方式的建模分析，在案例表示的基础上，案例推理可以分为案例提取、案例重用、案例改编、案例保存（学习）四个核心步骤（Ramon et al.，2005；Chen et al.，2008），它们也被称为案例推理的 4R 模型，非常适用于解决现实中的非结构化问题。实现案例提取的主流技术是采用基于欧式距离的近邻策略（胡小鹏、陆能枝，2007），这也非常符合人类解决问题的方式，即通过历史上解决类似问题的方式来解决当前问题。由于案例推理是一种解决问题的方法体系（Watson，1997），因此，任何技术和方法都可以运用案例推理来解决面临的实际问题。但案例推理在解决非结构化问题时呈现出不稳定的缺点（蔡淑琴，2008），而区域能源安全外生警源预警又涉及多方面的利益，并且对区域能源安全预警准确性有着直接影响，必须保证"对症"方法的稳定性。基于此，将机器学习领域发展起来的集成学习思想引入其中，主要通过集成多个相关方法的输出，从而形成一个稳定的结果（Torra & Narukawa，2007），这与决策领域的群体决策思想类似。通过案例推理和集成学习方法的融合，即案例推理集成，可以有效地搜索出与目标案例相似的历史案例，根据历史案例中的解决方案快速形成预警方案。

本书拟研究的基于遗传神经网络的区域能源安全外生警源识别方法和基于案例推理集成的外生警源预警方法，是当前我国区域能源安全预警实践和理论上迫切需要补充的内容，拟采用的支撑技术和研究方法与区域能源安全外生警源识别与预警特点紧密结合，具有可行性。

第3章
区域能源安全外生警源基本理论

　　本章主要从对区域能源安全外生警源事件的调查入手，通过对样本的爆发时间、区域、能源类型、诱发原因以及因素间的交叉分析总结出区域能源安全外生警源事件的特性，并界定了能源安全、区域能源安全及其外生警源的内涵。同时，在总结区域能源安全事件成因及演化过程的基础上探索了区域能源安全外生警源的形成机理，构建区域能源安全外生警源识别与预警系统。

3.1　区域能源安全外生警源事件调查

　　区域能源安全与资源基础密不可分，与季节、区域和能源类型也有较大的相关性，同时局部地区对外部能源的依赖性逐步地加深了这些问题，导致"煤荒""油荒""气荒""电荒"等现象频发，这类现象称为区域能源安全外生警源事件。这些事件均在一定程度上说明了目前我国区域能源安全预警体系还不够完善，尤其是对预警体系中的外部性要素缺乏足够的重视，从而造成了区域能源突发供需缺口现象频现。本章通过对这类事件的调查分析，在其形成机理的基础上构建了区域能源安全外生警源预警框架。在本章研究过程中对我国1999~2018年发生的区域能源安全事件进行了大量调研工作，通过资料收集、各种信息途径以及实地调查，抽取了72起区域能源安全事件并构建了样本数据库，以此作为分析样本分析其相关特性。

3.1.1　区域能源安全外生警源事件基础数据分析

　　对区域能源安全事件进行分类，通过能源安全事件爆发的相关因素分析，如爆发时间、区域、能源类型、诱发原因以及因素间的交叉分析，归纳总结出能源安全事件的主要特征。

3.1.1.1　能源安全事件爆发时间特性分析

本章按照季节对区域能源安全事件的爆发时间进行划分，通过统计分析，发现了区域能源安全事件爆发的时间特性。从抽取的 72 起区域能源安全事件的爆发时间统计数据来看，春季爆发次数为 13 次，夏季 23 次，秋季 15 次，冬季 21 次。由图 3-1 可知，在夏季和冬季，区域能源安全事件爆发次数较多，而在春季和秋季区域能源安全事件爆发次数相对较少。主要原因包括以下几个方面：①在夏季和冬季，季节的交替变化使气温变化较大，甚至出现极端天气，各地区对能源的需求量骤然增加，易引发区域能源安全事件；②在夏季和冬季，自然灾害的发生率大幅上升，如夏季暴发洪水、冬季出现暴雪，自然灾害将对能源生产、运输等造成严重影响，易引发大面积的区域能源安全事件。

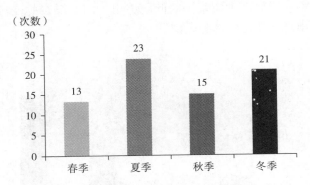

（次数）

图 3-1　不同季节区域能源安全事件的爆发次数

3.1.1.2　能源安全事件爆发区域特性分析

本章按照我国行政区域划分来统计各地区能源安全事件的爆发次数。其中，区域能源安全事件爆发次数最多的地区是华东地区和华中地区；其次是华北地区、西南地区和华南地区；爆发次数最少的区域是西北地区和东北地区。形成以上区域分布特征的主要原因包括以下几个方面：①我国东部沿海地区经济发达，人口数量较多，能源产量少，对能源的需求量大，易爆发区域能源安全事件；②中部地区毗邻东部沿海地区，易受到东部沿海地区的衍化影响，当东部沿海地区爆发能源安全事件时会衍生到中部地区；③西部地区经济欠发达，人口数量较少，能源产量高，对能源的需求量小，因而能源安全事件爆发次数相对较少；④东北地区能源产量最高，因而能源安全事件爆发次数最少。

3.1.1.3　能源安全事件爆发的能源类型特性分析

在这次调研过程中，主要统计了石油、煤、天然气和电力四种能源的安全事件。从图3-2可知，电力的能源安全事件爆发次数最多，其次是石油和天然气，煤炭的能源安全事件爆发次数最少。

中国的能源格局是"富煤、少油、贫气"，造成以上能源类型分布特征的原因主要包括以下几个方面：①电力系统的电力传输易受突发自然灾害的影响，如洪水、暴雪等。另外，我国电力系统中火电装机容量占67%，因此易受到电煤短缺的影响。②我国是一个"贫油少气"的国家，石油和天然气能源储量和产量不足。在石油方面，中国油田已经过了生产高峰期，只能通过先进的技术手段来开采不易使用的部分来维持产量，目前中国大约81%的原油生产来自陆上油田，19%来自海油田；天然气行业供需矛盾较为突出，需求增速远远高于产量增速，加之石油和天然气由政府进行定价，极易爆发能源安全事件。③煤炭是我国主要的一次能源，呈现出总量过剩和部分区域供应不足的局面，结构性短缺和区域性、时段性供应紧张的问题突出，因此煤炭的能源安全事件发生次数较少，只出现在特定的部分区域。

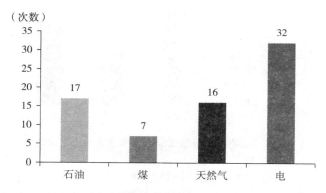

图3-2 不同类型能源安全事件的爆发次数

3.1.1.4 能源安全事件爆发的诱发原因特性分析

通过对抽取的能源安全事件的诱发原因深入分析，发现能源安全事件诱发的原因主要包括能源价格变化、能源供应量突变、能源政策调整、能源产量变化、自然灾害、突发事件以及季节交替变化。

总结分析将诱发原因归为三大类：一是外部环境变化，包括季节变化、运力紧张、自然灾害和突发事件等。如2008年和2009年，我国多个地区连续两年冬季出现突如其来的降雪，阻碍了能源运输，出现了"煤荒""电荒"，由外部环境变化引发的能源安全事件次数最多。二是能源价格波动，以成品油为例，国内能源定价机制决定了成品油价格在政府规制的范围内，批发企业可通过相对灵活的措施适时调整价格。在这种情况下，当成品油批发企业突然上涨价格时，由于零售企业受制于政府严格的定价机制，导致其价格调整相对迟滞于市场供需变化，势必会引发局部地区出现油品能源停供、限供等区域能源安全事件。三是区域能源政策调整，部分地区为促进区域经济发展或受其他因素影响会对能源政策做突然调整，以煤炭去产能为例，我国化解煤炭行业过剩产能的方式仍然主要依靠限产等行政手段，276 天工作日等限产措施直接引发了煤炭价格大涨，燃煤电厂业绩大幅下滑，煤电矛盾被再次激化，而且这种"一刀切"的调控方式也使主要的煤炭输入大省出现无煤可用的局面。在管网建设、储气调峰能力都严重不足的情况下，大规模推进"煤改气"工程，当遇到自然灾害、进口气无法得到保障时，产生天然气供给中断的事件在所难免。如 2010 年 11 月，浙江、江苏、湖南等地政府为完成减排指标突击拉闸限电，致使多地出现电荒。数据分析发现，引发区域能源安全事件的根源多是由能源系统的外部因素所致，其次是能源价格波动的影响，区域能源政策调整所带来的诱发事件最少，如图 3-3 所示。

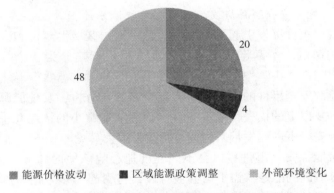

■ 能源价格波动　　■ 区域能源政策调整　　■ 外部环境变化

图 3-3　不同原因下能源安全事件的爆发次数

3.1.1.5　能源安全事件爆发的警源等级特性分析

通过对抽取的能源安全事件警源等级深入分析，根据能源安全突发事件发生的紧急程度、发展势态和可能造成的危害程度，将警源等级分为 6 级，0 级表示不预警，5 级为警源等级的最高级别。由图 3-4 可知，区域能源安全事件爆发等级次数最多的是 4 级和 3 级，爆发次数最少的是 1 级。由此可以看出，无论什么性质和规模的区域能源安全外生警源爆发都会对区域经济发展造成比较高的危害，同时这种危害会在短时间内大范围蔓延，滋生出更严重、更广泛的危害。

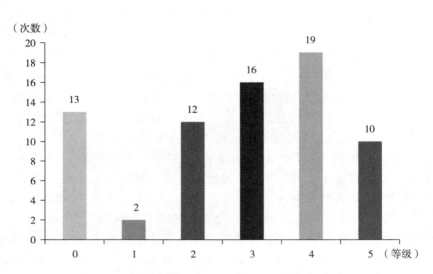

图3-4　不同警源等级区域能源安全事件的爆发次数

3.1.1.6　能源安全事件爆发的损失程度特性分析

由能源安全事件爆发引起的突发性能源短缺给区域性经济和人民生活带来了不同程度的影响。本章将这类不同程度的损失影响分为7个等级，分别为"非常小""很小""小""中等""大""很大"和"非常大"这七个等级，通过对抽取的能源安全事件的不同损失程度进行深入分析，发现能源安全突发事件造成的中等及以上的损失程度占64%，而损失非常小的情况几乎不存在，由此可见，能源安全事件爆发带来的危害和损失很大（见图3-5）。同时，当一个地区爆发区域能源安全事件后，会不同程度地影响该地区和其他区域的经济、能源价格，区域间的能源供需平衡会被打破，将引起"多米诺骨牌"效应和涟漪效应，此地区的区域能源安全事件可能传导到相邻地区，影响到其他地区的能源安全。

3.1.1.7　能源安全事件爆发的能源缺口程度特性分析

能源安全事件的爆发可能引起能源生产停滞、能源运输中断或能源消费的突然增加，不仅造成区域间的经济等损失，同时会造成能源供需缺口，继而出现不同程度的能源荒。

本章将所造成的能源缺口程度分为7个等级，分别为"非常小""很小""小""中等""大""很大"和"非常大"，通过对抽取的能源安全事件的不同能源缺口程度深入分析，发现能源安全事件爆发所造成的能源缺口程度在中等及以上的事件共计47件，占据抽取样本的65.28%，如图3-6所示。其中，"很

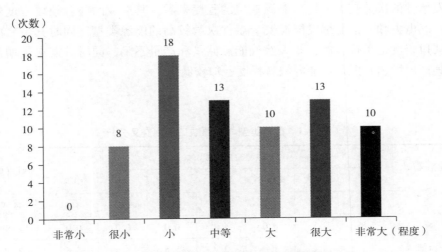

图 3-5　不同损失程度区域能源安全事件的爆发次数

大"等级发生次数最多，"非常小"等级发生次数最少，而"很小"等级所占比例仅次于"很大"等级，这说明我国的某些能源应急控制和能源储备体系较为完善。

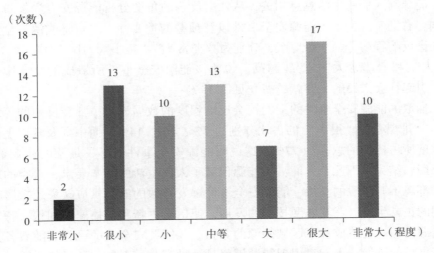

图 3-6　不同能源缺口程度区域能源安全事件的爆发次数

为深入了解能源缺口特性，本章通过对能源类型以及能源缺口程度做交叉分析（见表 3-1），分析发现：①煤炭是我国的主要的一次能源，虽然能源安全爆发事件的次数较少，但从能源缺口的程度来看，其造成的能源缺口程度却很大；②电力和石油是爆发能源安全事件次数较高的能源类型，同时其带来的能源缺口程度也是很大的；③天然气能源储量和产量不足，同时其需求量增速高于其产出增速，但是在能源缺口程度上却较低。

表 3-1　能源类型与能源缺口程度交叉分析

能源类型	能源缺口程度（%）							总计（%）
	大	非常大	非常小	很大	很小	小	中等	
电	4.2	5.6	1.4	12.5	6.9	6.9	6.9	44.4
煤	2.8	2.8	0.0	4.2	0.0	0.0	0.0	9.8
石油	2.7	4.2	1.4	2.7	5.6	1.4	5.6	23.6
天然气	0.0	1.3	0.0	4.1	5.6	5.6	5.6	22.2
总计	9.7	13.9	2.8	23.5	18.1	13.9	18.1	100

3.1.1.8　能源安全事件爆发的社会反响特性分析

能源与人们的生活息息相关，从社会反响的角度分析能源安全爆发带来的影响，有助于人们了解能源安全事件以及预警的重要性。本章将能源安全造成的社会反响程度分为 7 个等级，分别为"非常小""很小""小""中等""大""很大"和"非常大"，等级越高，说明该能源安全事件所造成的社会影响越大，引起社会人民的关注就越高（见图 3-7）。

抽取的能源安全事件的不同社会反响程度的数据显示，社会反响的等级为"小""非常小""很小"的占比分别为 7%、2%、14%，而中等及其以上的反响程度所占比例的总和为 77%。这说明能源安全事件引起了足够的社会重视，其原因归结为以下几个方面：①能源保障了人民生活的基本要求，人类的所有活动都离不开能源的支持，能源安全事件爆发导致的能源供应缺失严重影响了人们的正常生活。②互联网技术的发展，使信息更新和传播速度加快，特定区域能源的短缺会造成各个区域能源的紧张。③能源安全观的更新。随着各类能源荒事件的爆发，人们意识到能源不仅是一种商品，而是一种经济手段，还影响着政治、外交、军事等诸多方面，如今能源的安全体现在资源、经济、社会和政治、环境多个层面上，这类新的能源安全观使社会人民和政府都对能源更加重视。

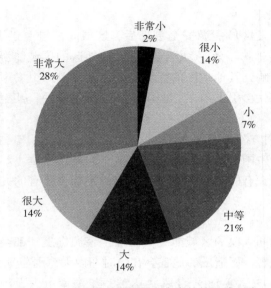

图 3-7　不同原因下能源安全事件的反响程度

3.1.2　区域能源安全外生警源事件特性分析

能源预警是为了预防能源危机、对可能引起能源危机的因素进行监测、发现警情、分析与辨别警况、寻找警源、判断警度以及做出排警决策的一系列活动。美国、日本等国家十分重视能源安全预警研究，并建立了相应的能源信息监测和分析机构。我国目前已经成为世界上最大的能源生产、消费、石油进口国，加强能源预测预警工作已经刻不容缓。

通过对区域能源安全事件进行归纳总结，得到其具有以下共同特性：

3.1.2.1　突发性

区域能源安全外生警源由量变到质变的过程具有特殊性，这种特殊性集中体现在它的突发性。突发性是指难以准确地把握区域能源外生警源在什么时间、什么地点、以什么样的方式爆发，事件的起因、规模、事态的变化、发展趋势以及事件影响的深度和广度也不能事先描述和确定，是难以预测的。如突发性石油短缺事件，由于自然灾害等突发事件导致了石油供应系统出现紧急状态，包括石油生产过程的停止、运输过程的中断及消费需求的突增，从而导致短期时间内的石油供应不安全。

3.1.2.2 衍化性

当一个地区爆发区域能源安全事件后，区域间的能源供需平衡会被打破，这将引起"多米诺骨牌"效应和涟漪效应，此地区的区域能源安全事件可能传导到相邻地区，影响到其他地区的能源安全。某个单源突发事件发生后，如果不能得到有效控制就会引发与之相关的次生、衍生事件，甚至造成一系列的突发事件连锁反应。从而让突发事件的机理变得非常复杂，人们很难对其预测。如 2008 年初我国南方冰雪灾害事件，受天气影响，交通、电力、一次能源通过扩散影响了大半个中国，而各省市受三类事件影响的过程不尽相同，有的地区先受到交通的影响，有的地区则先受到电力的影响，还有的先受到一次能源的影响。

3.1.2.3 危害性

不论什么性质和规模的区域能源安全外生警源爆发，都会不同程度地对区域经济发展造成危害，所造成的危害会在短时间内大范围蔓延，滋生出更严重、更广泛的危害。2005 年第 18 号台风"达维"给海南电力设施造成了严重的破坏，引发了部分电厂连续跳机解列，最终系统全部瓦解，导致海南全省范围大面积的停电。据统计显示，"达维"台风造成了海南、广东、广西三地共 890.7 万人受灾，因灾死亡 22 人，紧急转移安置 53.8 万人；农作物受灾面积 113.3 万公顷；倒塌房屋 3.3 万间；因灾直接造成的经济损失高达 121.9 亿元。区域能源安全事件的爆发，不仅造成能源的缺口，同时对社会经济带来巨大的损失。

3.1.2.4 复杂性

区域能源安全外生警源事件具有一定的复杂性，其量变到质变的过程错综复杂，主要表现为两个方面：其一，造成区域能源安全事件爆发的原因相当复杂，根据区域能源安全事件的调查和分析，其诱发原因是多样的，包括能源价格、区域能源政策、突发事件、季节变化、自然灾害等；其二，表现为区域能源安全外生警源事件爆发后果的复杂性，包括其持续时间的不确定性、波及范围以及影响的地域往往比较广，同时会造成不同的社会反响。

3.1.2.5 信息缺失性

区域能源事件的突发性会造成事件信息发生时刻的高度缺失，使信息不充分，给数据的采集造成一定困难，因而造成地方政府无法及时迅速地采取应对措施。传统的能源数据报送和发布方式使能源数据的上报和汇总速度慢，对其缺乏实时性管理，难以为政府主管部门提供及时、准确的能源信息，且分散于部门间的数据缺乏标准化，有价值信息无法共享利用，导致在能源管理方面存在严重的信息缺失和不对称问题。

3.2　区域能源安全外生警源内涵界定

3.2.1　能源安全内涵

21 世纪，能源资源成为世界经济发展的一个制约性因素，能源是人类赖以生存和生产的重要物质基础，与世界各国的经济发展、社会稳定等息息相关。随着各类能源事件的发生，能源安全日益成为各国关注的焦点，同时，保障能源安全成为各国研究、制定能源安全政策的核心目标。

能源安全这一概念是在 20 世纪 70 年代第一次石油危机之后提出的，第一次石油危机以后，以美国为首的西方国家提出了保证石油安全的目标，并制定了相应的能源安全战略。1974 年，国际能源署提出了以稳定石油供应和价格为中心的能源安全概念，能源供应安全成为西方国家能源政策的核心。亚太能源研究中心曾将能源安全概述为：保证能源资源的可持续供应以及能源价格维持在合理的水平，不对经济发展产生不利影响的经济能力，不会受到可利用性、可获得性、可接受性、可承受性等方面的影响。经过近 50 年的发展，能源安全概念逐渐得到扩展和深化。目前能源安全主要包括以下几个方面：

3.2.1.1　能源供应安全

最基础的能源安全概念就是从能源供给的连续性上来界定的。经济发展需要能源的支持，能源的充足供应可以促进经济的发展，正是能源和经济之间存在的这种特殊关系，使许多研究者主要从经济学的角度出发对能源安全的概念进行界定。英国经济学家哈维在《现代经济学》中认为，经济学的存在本身就是为了通过合理的分配将有限的资源进行最大效率的利用。由于能源资源具有天然的稀缺性，并不能够无止境的获取，由此他们从经济增长的角度出发，把能源安全的重点放在能源的稳定供给方面，认为一个国家的能源安全就是以一个能够接受的价格，得到稳定持续的能源供应。能源供应的不足或能源价格的不合理波动都会导致一定的能源风险（袁程炜，2013）。这在美国、日本和英国三国学术机构共同发表的《2000 年的能源安全》中进行了较为明确的诠释。很多学者在研究中多用能源供给安全来替代能源安全，这就是狭义的和传统的能源安全的概念。在上述概念基础上，部分学者则从价格可承受性视角界定能源安全。Bielecki（2002）将能源安全解释为能源价格的可承受性，同时能够保障能源供给的持续可靠。Asif 和 Muneer（2007）也认为能够以可支付的价格，持续性地获得充足的、各种形式的能源就是一般意义上的能源安全。而国际间的能源供应安全则可以解释为能源消费国和进口国争取以合理价格获得充足可靠的能源供应，并通过多元化来保障能源供应的稳定。

3.2.1.2 能源需求安全

能源生产国和输出国分别争取有充足的市场和客户保证，确保未来投资的正当合理性并保护国家收入。Ahmad 和 Abdul-Ghani（2011）从能源需求的角度将能源安全定义为在相当长的一段时期内，能源服务需求被可靠地得到满足的能力，该定义注重的是能源供给持续与安全，因而可以理解为能源供给安全，一旦出现能源供给中断，就会对能源安全构成威胁。供给是为了满足需求，因此，除了从能源供应安全上对能源安全的理解外，能源需求本身的合理性也是能源安全需要考虑的另外一个难以回避的问题，Leung（2011）通过对中国能源安全问题讨论得出能源需求安全同能源供给安全一样重要的结论。Salameh（2003）基于能源的供给和需求，同时结合能源管理，提出能源安全涉及能源组合和来源的多元化、能源节约与能源效率，应采用多种方式对能源依赖性进行管理，而非追求实现能源之间的独立，以此来保障能源安全。

3.2.1.3 能源运输安全

国家的能源运输安全主要体现在能源过境运输国，主要是长期维持经本国领土将能源出口国的能源输往消费国，并获得最大利润；能源进口国要保证能源进口线路的安全，包括能源运输方式、路线等。运用何种方式（铁路运输、水路运输等）、选择哪条线路（途径哪些国家和地区）、与途经国家和地区的政治关系如何、运输距离的远近，对整个运输过程的军事控制和保障能力如何等都影响和决定了能源能否安全从国外运抵国内，以供国内之需。而地区间的能源运输则主要体现在能源供应链安全。国内对于能源供应链的研究主要集中在煤炭能源、生物能源和分布式能源供应链等，能源的运输安全要求建立高效能、低成本、安全可靠的能源供应网络，同时能源供应链网络各个环节之间相互依赖。温捷（2013）设计了复杂风险环境下的四级单周期生物能源供应链网络，通过多源供应及替代源供应等策略来增加供应链网络的弹性，以应对突发事件以及复杂风险的威胁。杨洁（2014）同样以生物能源供应链为研究对象，考虑在多维不确定环境下兼顾经济效益和环境效益的生物能源供应链的设计问题，通过构建相应的供应链网络的数学规划模型，优化设计供应链网络结构和相关运作决策，为不同风险偏好的决策者提供有效的决策方案。

3.2.1.4 能源环境安全

随着全球经济发展对能源消耗量的增加，全球范围内出现了诸如水污染、大气污染等一系列的环境污染问题，这些日益凸显的全球性环境问题使人们从经济发展中警醒，人们开始重新思考能源与环境之间的关系，认为生态环境也是能源安全必须要考虑的一个重要方面。同时随着能源需求、价格调整和环境问题的日益突出，能源安全的重要性和内涵都在发生变化，能源开发利用产生的环境问题开始受到了学者们的关注，生态环境被纳入能源安全的概念界定中。能源安全逐渐被扩展为涵盖能源、经济与环境等多维度的概念。很多学者将上述三个方面进行汇总，得到更广泛的能源安全内涵。能源安全从过去单一注重供应安全的传统能源安全观开始向新的能源安全观转变。

保罗·斯泰尔斯认为，新的能源安全概念需要注重能源与环境、生态系统之间的关系，在保障能源安全的过程中，也要同时关注能源政策对人类生活幸福的影响。Salameh（2003）基于能源的供给与需求，同时结合能源管理，提出能源安全涉及能源组合和来源多元化、能源节约和能源效率、多种方式对能源依赖性进行管理，而非追求实现能源之间的独立，从而保障能源安全。Vivoda（2012）通过分析福岛核泄漏事件对日本能源安全的影响，指出一个经济实体的能源安全包括价格可承受、供应充足，而且不会带给该经济实体不可逆的和不可接受的影响。这一层面不仅考虑了供给连续性和价格可承受性，同时涉及了环境效益和可持续发展，拓展了能源安全的内涵。争取控制和降低能源生产和消费过程中对环境造成的影响，对能源生产国和需求国的能源安全至关重要。新的环境约束将不可避免地减少能源供应的可选择范围，不处理好环境问题有可能使某一能源失去应有的作用。总体来说，保障能源安全应该是全方位的，考虑到能源领域的各个主要环节的安全，各个国家往往采取经济、政治、外交等各种手段，甚至通过武力来保障本国的能源安全。另外，一些学者从不同的角度出发对能源安全进行了阐释，如梅森·威尔里奇从国别出发，将能源安全分为进口国的能源安全和出口国的能源安全，进口国的能源安全是指对能源进口国来说，可以获得稳定可靠的能源供应，而出口国的能源安全是对能源出口国来说，能够获得较为稳定的国外能源需求市场，保障能源收入的金融安全（龚荻涵，2015）。

由于能源安全对经济发展和国家安全有着极为重要的意义，对能源的安全状况进行评价、了解本国家或者地区的能源安全状况尤为重要。鉴于能源安全有着非常丰富的内涵，是一个十分复杂的系统，对其进行评价也是一项相当具有难度的工作。评价指标和评价方法的选择已经成为当前研究的热点与难点，因而能源安全评价的主要工作就是评价指标的选取和评价方法的选择。在能源安全的评价方面，国内外的学者们都做了大量的研究工作。随着能源安全涉及维度的不断延伸，学者们提出了一系列能源安全的度量标准，详见表3-2。

表 3-2　能源安全度量标准

维度	作者
环境、技术、需求管理、社会文化政治	Von Hippel（2004）
环境、技术、需求管理、社会文化政治、人类安全、国际关系、政策	Vivoda（2010）
可利用性、依存度、多样性等 20 个维度、200 个指标	Sovacool（2011）
天然气、电力供应安全，从能源供需预测、市场信号、市场响应	英国能源安全联合研究小组（2002）
压力、状态和响应机制三个层面共计 10 个评价指标	郑修思（2017）
能源驱动力、能源安全压力、能源安全影响和能源政策响应构建能源安全评价体系	陈兆荣和雷勋平（2015）
国家能源进口与出口、传统能源和非传统的替代关系	张生玲（2012）

综合上述学者们的研究与本书的研究内容，本书将能源安全定义为：能源安全往往是以国家为基本单元（即国家能源安全），其主要是由能源供应保障的稳定性和能源使用的安全性两个有机部分组成：①能源供应的稳定性（经济安全性）是指满足国家生存与发展正常需要的能源供应保障得稳定程度；②能源使用的安全性是指能源消费及使用不应对人类自身的生存与发展环境构成威胁。能源供应保障是国家能源安全的基本目标，而能源使用安全则是更高的目标追求。

3.2.2　区域能源安全内涵

在经济全球化背景下，能源配置国际化趋势增强，各国在能源领域的相互依赖程度增加，任何一个国家都需要通过全球和区域范围内的能源合作来保障能源安全。与全球范围内的能源合作相比，各国更容易在区域范围内实现能源生产、运输和消费方面的合作，并承担相互责任，确保区域能源市场平衡。按照安全主体可以将能源安全分为国家能源安全与区域性能源安全两类。国家利益是从全国视角看待整体的利益诉求，正如宏观经济不是微观经济的算术和一样，国家能源安全也不是区域安全利益的算术和，区域性的利益诉求是以国家利益为要求和指导的。

除关注国家层面的能源安全外，学者们也加强了对区域层面的能源安全的研究，由此提出了一系列能源安全的度量标准，详见表 3-3。

表 3-3　区域能源安全度量标准

维度	作者
可获得性、经济效率、社会福利、环境保护	刘立涛等（2012）
可用性和多样性、可承受性和公平性、技术和效率、环境可持续性、管理和创新	Zhang 等（2017）
能源供应、使用、经济与环境安全	孙涵等（2018）
区域能源供应、能源需求、能源使用	孙贵艳和王胜（2019）

　　总体来说，早期的能源安全强调能源供应稳定、经济价格合理，多是从影响供应稳定的政治、资源禀赋、运输等因素，以及影响经济运行的价格因素角度构建能源安全指标体系。随着能源安全内涵的丰富，近几年增加了能源使用安全、环境安全等方面的评价指标。其中，刘立涛等（2012）从可获得性、经济效率、社会福利、环境保护 4 个维度构建了区域能源安全评价体系，并认为能源安全是在特定时间内，在一定的技术经济条件下，能够稳定、高效地满足指定地域的能源需求，由此区域能源安全即为特定区域内的能源需求，区域能源安全由能源供应稳定性和使用安全性两部分构成，能源供应稳定性则是指能源的可获得和可支付，而使用安全性则是指能源的经济效率、社会福利和环境保护。Zhang 等（2017）从可用性和多样性、可承受性和公平性、技术和效率、环境可持续性、管理和创新 5 个维度对我国不同省市的能源安全状况进行了分析，并认为所有省份都面临着与能源可用性和多样性有关的威胁，同时各区域之间的能源安全存在差异性。孙涵等（2018）在研究能源供应稳定与安全使用的基础上，增加了能源经济投入与环境保护 2 个维度，用能源供应、使用、经济与环境安全 4 个维度对中国区域能源安全保障水平进行定量评估与分析。孙贵艳和王胜（2019）综合考虑了能源的供应侧、需求侧、使用情况，从区域能源供应、能源需求、能源使用三个维度构建了区域能源安全评价指标体系，采用熵权 TOPSIS 法对我国不同省市的能源安全水平进行分析，以便为制定能源环境方面的政策提供参考。

　　从我国能源安全方面来说，区域能源安全是以我国各省（自治区、直辖市）为基本研究对象，主要通过区域能源供应的稳定性和使用的安全性两大要素来予以衡量，目标是在总量和结构上保障所在区域范围内人们生产、生活正常所需的能源，同时，在能源供应与消费过程中确保环境友好。由于区域能源安全与该地区能源资源禀赋特征、开发应用条件、社会经济发展阶段、科学技术水平等密切相关，因此，需因地制宜地确定区域能源安全系统的边界和性质，研究区域能源安全系统内部各类能源之间，能源与人口、社会经济、环境之间的因果关系和作用机制。

3.2.3 区域能源安全外生警源内涵

预警最初来源于军事领域，是指在灾害或灾难以及其他需要堤防的危险发生之前，根据以往总结的规律或观测得到的可能性前兆，向相关部门发出紧急信号，报告危险情况，以避免危害在不知情或准备不足的情况下发生，从而最大程度的减轻危害所造成的损失的行为。随着石油危机爆发，世界各国开始重视能源安全的研究，进而将能源安全预警纳入研究体系。能源安全预警是指对能源运行的各项活动进行监测，基于历史数据，对未来能源安全演化的趋势进行分析评价和预测，当出现异常情况时能够进行预报，并针对不同情况提供相应措施，以期达到保障能源供应安全和能源使用安全的目的（魏一鸣，2013）。苏飞等（2008）在研究区域能源供给时提出，能源安全的核心问题就是能源安全供给，对一个特定区域而言，能源安全的威胁主要来自于短期的能源供给中断、供应不足、价格暴涨、运输受阻以及国家政策的干扰等。对不同地区或者同一地区的不同时期来说，能源安全风险所造成的破坏程度不同，即能源安全的脆弱性不同。能源安全供给脆弱性可以用来表示一个区域在出现能源供应干扰或破坏时可能造成的损害程度。区域能源安全供给脆弱性包括区域能源安全供给的外部风险和内部保障能力两个方面。

在结合以往学者的研究基础上，本书认为区域能源安全预警是指对某一地区能源系统未来的演化趋势进行预期性评价，以事先发现其未来运行中可能出现的问题并分析其成因，进而为警情分析决策、制定相应防范措施和缓解能源供需矛盾提供决策依据。确切地说，预警是度量某种状态偏离预警线的强弱程度、发出预警信号的过程，其实质是对区域能源安全运行的稳定性程度的评判，其目的与作用在于识警防患，超前预控。

在区域能源安全预警的基础上，分析有关区域能源安全可能出现的问题和成因，如田时中（2013）在经济周期波动理论基础上分析了我国煤炭供需周期的波动，由此提出了煤炭资源预警系统。他将煤炭供需预警的警源分为内生警源和外生警源，并将煤炭储采比、自给率、单位 GDP 煤耗比、占一次能源比重、储量接替率、煤炭与石油价格比作为警源。本书将区域能源安全外生警源定义为由于区域能源系统的外部影响因素发生变化，如能源价格的波动、能源政策的调整、突发自然灾害等，导致区域能源系统产生扰动，并由此引发威胁区域能源安全的连锁反应事件，本书将这些影响区域能源系统安全的外部性要素界定为外生警源。外生警源是分析突发区域能源安全警情的重要外部根源，是区域能源安全警情的策源地。因此，研究区域能源安全外生警源是区域能源安全预警的新的逻辑起点，其关键就在于如何有效识别出区域能源安全外生警源及其形成机理。

3.3　区域能源安全外生警源形成机理

引发区域能源安全的外部影响因素很多，包括宏观经济、能源政策、环境因素、突发因素等，在总结区域能源安全事件成因及演化过程的基础上，并依据以上外部影响因素，从外生警源的形成机理角度将外生警源划分为以下几类：

3.3.1　能源价格波动引发的外生警源

由于我国的能源价格由政府管制，能源价格的定价机制不是由市场供需决定的，因而能源价格的波动会打破局部地区的能源供需平衡，从而形成干扰区域能源安全的外生警源，最终诱发区域能源安全事件。国内能源定价机制决定了能源价格在政府规制的范围内，批发企业可通过相对灵活的措施适时调整价格。当批发企业或供应商在能源批发环节自行调整批发价格时，零售商的价格却受到政府的严格控制，批发价大于零售价时，零售商可以停止能源供应或者限供，从而导致能源缺口的增加；而当能源价格定价过高，触发能源需求方转向替代能源，由此造成替代能源需求量增加，破坏替代能源系统的供需平衡，形成能源缺口从而引发区域能源安全事件；国外能源价格的上涨使能源进口量下降，由此区域间的能源供给量下降，在能源需求量不变的情况下，能源缺口扩大，形成区域能源安全外生警源，进而引起区域能源安全事件发生。具体形成机理如图 3-8 所示。

以成品油为例，国内能源定价机制决定了成品油价格在政府规制的范围内，批发企业可通过相对灵活的措施适时调整价格。在这种情况下，当成品油批发企业突然价格上涨时，由于零售企业受制于政府严格的定价机制，导致其价格调整相对迟滞于市场供需变化，出现进价高于销售价格的情况，严重影响其利润获取。这一能源价格扰动要素就成为区域能源安全的外生警源，在其集聚达

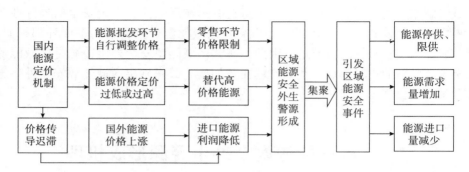

图 3-8　能源价格波动外生警源形成机理

到一定程度时，势必会引发局部地区出现油品能源停供、限供等区域能源安全事件。

当某类能源价格相对其他能源价格过低或过高时，能源需求方就会用低价能源代替高价能源，这种由特定能源价格波动引发的高价能源需求转移就成为影响区域能源安全的外生警源。当该特定能源替代性表现得较为突出时，则势必导致低价能源的需求量剧增，造成能源荒突发事件频发。如 2015 年我国局部地区出现的"荒气"的能源安全事件，就是由于天然气能源价格过高，导致能源需求方放弃高价能源，转而使用低价替代能源造成的。

当国外能源价格突然上涨时，由于国内能源定价机制使能源价格传导迟滞，能源进口企业的利润降低，加之政府又缺少相应的能源补贴政策，从而使能源进口企业在一定程度上降低能源进口量。这一类由国外能源价格波动所引发的进口供给缺口则成为影响区域能源安全的外生警源。

3.3.2　区域能源政策干预引发的外生警源

一个国家或地区内部对能源的管理方式、政策安排等作为软的调节控制因素，对能源安全也发挥着至关重要的作用。国家的能源安全问题并不是不可控制和一成不变的，通过合理、有效的政策措施和管理手段可以为能源安全铸造一个安全壁垒，在一个国家内部可以起到抵御能源风险的作用。通常，影响能源安全状况的外部环境因素是很难改变的，而为了降低能源风险，保障能源安全，更多需要的则是发挥国家、地区的主观能动性，从可以调控的管理措施和政策设计等方面入手。因此，如何通过政策安排和制度设计来规避能源风险、保障能源安全就成为许多国家探索和思考的问题。

　　然而，区域能源政策的干预所引发的外生警源对区域能源安全所产生的负向影响也不容忽视，区域能源的脆弱性表现为区域能源安全供给的外部风险和内部保障两个方面，而区域能源政策的出台会引发局部地区的能源供需失衡，我国采用的"低价短缺"的能源政策，正是区域能源脆弱性的表现。可以说，区域能源新政出台或相关政策调整已成为当前诱发区域能源安全事件的主要外生警源之一。区域性能源政策主要表现为区域能源供给政策、国家节能减排政策、能源产量政策和能源价格管控政策，而这类政策的出台会引发能源供应量、替代能源需求量等相关量的变化，从而形成区域能源安全外生警源，具体形成机理如图 3-9 所示。其中，区域能源价格管控政策外生警源的形成机理见图 3-8。

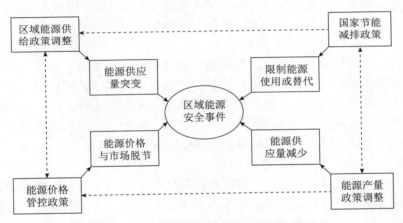

图 3-9　区域能源政策调整外生警源形成机理

3.3.2.1　区域能源供给政策调整

　　由于能源生产地区的供给量会受到能源消费、社会经济环境等内外部因素的影响，因此，该地区的能源供应政策可能在不同情境下作出应变性的调整，如限制地区能源的供给或外销，而这一调整势必会导致能源供应量发生突变，从而可能使部分能源需求地区出现能源供应缺口。这种由区域能源供应政策调整扰动要素所诱发的能源供应量突变就成为影响区域能源安全的外生警源。如2011 年，贵州省煤炭能源产地突然对煤炭外销和运输实行严格控制，这一能源供给政策的调整使煤炭供应量突然降低，从而导致重庆地区的电煤供应出现紧张，由此形成区域能源安全的外生警源，致使能源安全事件的爆发。

3.3.2.2　国家节能减排政策

　　受到国家节能减排政策的约束，各地区都制定了节能减排目标，而为了完成这一目标，有些区域则会出台限制能源使用的政策，这一政策的实施一方面会直接导致能源供应量的急剧下降，破坏能源系统的供需平衡；另一方面则会促使能源需求方寻求使用替代能源，从而导致替代能源的需求量增加。无论上述何种状况下，均有可能使部分地区或局部区域出现能源或替代能源的短缺，从而引发能源安全事件。这种由国家节能减排政策约束所引发的能源短缺就成为区域能源安全的又一外生警源。

例如，部分地区为完成减排目标采取拉闸限电措施，或者鼓励部分企业采用自备柴油发电机发电，从而引发柴油荒。以 2010 年下半年河北、山西、河南、安徽和湖北等一些地方相继采取的一些非常规的限电措施为例，为完成节能减排硬指标的压力，这些地区出台"拉闸限电"等政策，从而导致很多地方出现了电荒现象，使能源需求方转向柴油发电，虽然降低了煤炭和电能的消耗，但造成了柴油需求量的大量增加，继而引发油荒。

3.3.2.3　能源产量政策调整

目前，能源供给侧改革已成为能源领域改革的主要方向。在供给侧改革环境下，能源产量政策将会面临重大调整，尤其是在煤炭等能源面临去产能的必然趋势下，此类能源的供应量将会大幅度缩减，从而造成部分地区能源供需不平衡，进而导致局部地区出现能源短缺的现象。这种由能源产量政策调整所导致的能源供给缺口就成为诱发区域能源安全的新的外生警源。

3.3.2.4　能源价格管控政策

能源价格管控政策外生警源的形成机理如图 3-8 所示，由于我国的能源价格由政府管制，能源价格的定价机制不是由市场供需决定，因而能源价格的扰动会打破局部地区的能源供需平衡，从而形成干扰区域能源安全的外生警源，最终诱发区域能源安全事件。其形成机理主要通过能源批发环节、能源定价环节以及国外能源价格的上涨形成区域能源安全外生警源，从而引发能源的供应量或需求量的增加或减少。

3.3.3　外部环境变化引发的外生警源

外部环境变化这一区域能源安全的外生警源更可能诱发局部地区的能源需求量，造成能源供应量发生突变，导致区域能源安全事件。通过对近年来我国各地区突发的区域能源安全事件的诱因分析，将影响区域能源安全的外部环境划分为季节变化、自然灾害、突发事件和运力不足四方面。具体形成机理如表 3-4 所示。

表 3-4　外部环境变化外生警源形成机理

外生警源	形成原因	典型区域能源安全事件
季节变化	季节交替，能源需求量突增	随着季节交替变化，每年我国南方地区进入夏季对电能需求量会突然增加，而北方地区进入冬季对煤炭和柴油能源需求也会骤增，导致局部地区出现不同程度的能源短缺
自然灾害	突发自然灾害，影响能源运输和能源储备	2005 年，广东珠三角地区受台风影响，从东北往南运输成品油的游轮难以靠岸，广东地区出现"油荒"。2008 年和 2009 年，连续两年冬季出现突如其来的降雪，阻碍了能源运输，出现了"煤荒""电荒"
突发事件	突发的应急事件，影响能源安全生产、能源供应	2013 年，中石化青岛黄潍输油管线爆燃，输油、燃气、供电等多条管线受损，导致局部地区能源安全事件
运力不足	能源的运输能力不足，影响能源的供应	2008 年 7 月，由于运力不足，浙江、江苏、上海、江西、湖北、湖南、安徽等省出现煤炭安全事件

3.3.3.1　季节变化

季节的交替导致能源需求量突增，随着季节交替变化，能源储备不足使某些地区出现能源的季节性紧缺，如每年我国南方地区进入夏季对电能需求量会突然增加，而北方地区进入冬季对煤炭和柴油能源需求也会骤增，局部地区会出现不同程度的能源短缺。同时，季节的变化可能导致能源运输运力不足，冬季的运输能力下降，从而导致能源调用量减少，这一季节变化要素就成为区域能源安全的外生警源。

3.3.3.2　自然灾害

自然灾害是指给人类生存带来危害或损害人类生活环境的自然现象，对能源供需平衡产生影响的主要包括高温、洪涝、台风、暴雪等。自然灾害可能带来能源生产的停滞、能源运输的中断和能源需求的突然增加，这些都会导致能源的突发性短缺，从而引起能源市场的异常波动。如 2009 年北京、河北、山西等地的暴雪，影响了铁路和公路的正常运行，从而导致煤炭外运困难，这一自然灾害要素就成为区域能源安全的外生警源，使其他地区的煤炭供给量下降；2005 年第 18 号台风"达维"给海南的电力设施造成了严重破坏，引发了部分电厂连续跳机解列，最终系统全部瓦解，导致海南全省范围大面积的停电，从而致使电力供应量不足；同时台风会影响油运运输，广东珠三角地区受台风影响使东北往南运输成品油的油轮难以靠岸，广东地区出现"油荒"。

3.3.3.3　突发事件

突发性事件是指没有任何征兆的事件发生，其带来的影响具有突发性、严重性和复杂性的特点。突发性事件的发生会影响区域能源的生产力，而这类生产力直接影响区域能源的供给量。如2013年11月发生的青岛市中石化输油管道爆炸，从而导致局部区域供油量降低，同时，突发事件可能导致其他能源需求量的增加。

3.3.3.4　运力不足

运力不足主要指能源的运输能力不足，从而影响局部区域的能源供应。运力不足可能是由于季节变化、自然灾害或突发事件导致能源的运输渠道上受限，如台风影响运输成品油的油轮难以靠岸，暴雪导致公路和铁路无法正常运行，煤炭外运受阻，从而导致其他地区的煤炭供给量下降。冬季期间，汽车等交通工具的运输能力会下降，运力不足这一要素就成为区域能源安全的外生警源，从而导致能源需求地区的能源供应量下降。

3.4　构建区域能源安全外生警源识别与预警系统

3.4.1　外生警源识别与预警系统框架

由于区域能源安全事件呈现突发性、动态性、复杂性、不确定性等非线性复杂系统的特征，因此，构建区域能源安全外生警源预警体系应以系统论为原则，其主要目标是为决策者提供科学、客观的数据信息和决策参考。基于此，在分析区域能源安全外生警源形成机理的基础上，构建了区域能源安全外生警源预警框架，如图3-10所示。

3.4.2　外生警源识别与预警系统模块

3.4.2.1　区域能源安全外生警源识别模块

外生警源识别是科学预警区域能源安全等级的前提。只有准确识别出区域能源系统中可能存在的外生警源，才能为建立完备的预警机制提供科学的基础支撑。因为区域能源安全外生警源具有不确定性，可能来源于能源价格波动、能源政策调整、外部环境变化等不同要素，因此，需要深入探究外生警源的快速识别方法，才有助于保障区域能源安全外生警源信息数据采集的准确性。

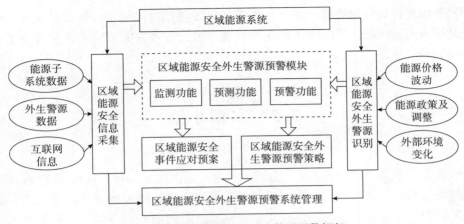

图 3-10　区域能源安全外生警源预警框架

3.4.2.2　区域能源安全信息采集模块

能源安全数据是开展区域能源安全有效预警的基础，在区域能源安全预警框架中，应重点采集的数据类型有煤炭、石油和天然气等各类区域能源子系统的基础数据、能源安全外生警源的监控数据以及互联网上的相关数据信息。

3.4.2.3　区域能源安全外生警源预警模块

该模块是区域能源安全外生警源预警系统的核心，主要有以下功能：一是监测功能，用于对区域能源安全外生警源进行实时监测；二是预测功能，用于对区域能源安全及外生警源的发展趋势进行预测；三是预警功能，当区域能源安全外生警源处于危险状态域内时，发布能源安全的预警信号，用于警示区域能源安全存在突发风险。

3.4.2.4　区域能源安全事件应对预案模块

区域能源安全事件具有突发性、蔓延性等特点，在区域能源安全外生警源预警框架下，应对预案模块主要是根据诱发区域能源安全事件的类型、特点和影响程度，构建防止此类能源安全事件突发的应对方案，从而使整个区域能源安全系统能在区域能源安全外生警源爆发时，提供有效的控制措施。

3.4.2.5　区域能源安全外生警源预警策略模块

根据区域能源安全的状况和能源安全外生警源的特征寻求降低能源安全等级的主要对策与建议，是区域能源安全外生警源预警框架中决策功能模块的主要作用，即区域能源安全外生警源预警策略模块可以为决策者在面临能源安全事件时提供一定的决策参考。

3.4.2.6　区域能源安全外生警源预警系统管理模块

区域能源安全外生警源预警系统管理模块主要是对区域能源安全外生警源

预警系统进行规范化管理，在分析预警结果准确性的同时，可根据对比分析预警结果与实际情况，不断修正和完善预警系统，以确保能源安全外生警源预警系统的科学性。

3.5　本章小结

首先，本章通过资料收集、各种信息途径以及实地调查，抽取了72起区域能源安全事件作为样本数据库，通过对能源安全事件爆发的相关因素分析，如爆发时间、区域、能源类型、诱发原因以及因素间的交叉分析，归纳总结出能源安全事件的主要特征，并总结其具有突发性、衍化性、危害性、复杂性和信息缺失性等共同特性。

其次，在对国内外不同学者对能源安全、区域能源安全的内涵和衡量的概括基础上，本书对能源安全和区域能源安全的内涵进行了界定，将能源安全定义为能源安全往往是以国家为基本单元（即国家能源安全），由能源供应保障的稳定性和能源使用的安全性两个有机部分组成，能源供应的稳定性是指满足国家生存与发展正常需要的能源供应保障得稳定程度，能源使用的安全性是指能源消费及使用不应对人类自身的生存与发展环境构成威胁。能源供应保障是国家能源安全的基本目标所在，而能源使用安全则是更高的目标追求。本书将区域外生警源定义为由于区域能源系统的外部影响因素发生变化，如能源价格的波动、能源政策的调整、突发自然灾害等，导致区域能源系统随之产生扰动，并由此引发威胁区域能安全的连锁反应事件，本书将这些影响区域能源系统安全的外部性要素界定为外生警源。

最后，在总结区域能源安全事件成因及演化过程的基础上，依据外部影响因素，从外生警源的形成机理角度将外生警源划分为能源价格的波动、能源政策的调整和外部环境变化。其中，能源价格的波动包括国内定价机制和国外能源价格的上涨；能源政策主要包括区域能源供给、国家节能减排、能源产量调整和能源价格管控政策；外部环境主要表现为季节变化、自然灾害、突发事件和动力不足。通过深入分析区域能源安全外生警源的形成机理，构建了区域能源安全外生警源预警框架，其中包括区域能源安全外生警源识别模块、信息采集模块、预警模块、事件应对预案模块、预警策略模块和管理模块。

第 4 章

基于系统动力学的区域能源安全外生警源影响因素分析

由于影响区域能源安全外生警源的影响因素很多，为了更好地维护区域内能源安全，找到影响区域能源外生警源的关键影响因素，应全面考虑能源价格、能源政策、外部环境和其他因素对区域能源安全造成的影响。因此本书在第三章区域能源安全外生警源形成机理的基础上，构建系统动力学模型，通过对模型进行有效性检验和敏感性分析，以此来寻求影响区域能源外生警源的关键影响因素。

4.1 区域能源安全外生警源影响因素分析

4.1.1 区域能源安全外生警源影响因素构成

由第三章可知，区域能源外生警源主要受到能源价格波动、区域能源政策调整和外部环境变化三个要素的影响。其中，能源价格主要受政府的定价机制决定，能源政策的调控则主要受到国家出于环境保护或者产能调整等方面做出的政策调控的影响，而外部环境则是由外部因素诱发局部地区能源需求量、供应量发生突变，从而发生区域能源安全事件，具体因素见表4-1。

表 4-1 区域外生能源影响因素表

外生警源	影响因素
能源价格	定价机制
能源政策调整	政策调控

外生警源	影响因素
外部环境	季节
	自然灾害
	突发事件
	运力
其他因素	能源企业数量
	环境污染程度
	人均能源消耗量
	人口数量

在我国，能源价格机制主要是由政府主导，并不是由市场决定的，当能源价格出现波动时，会打破地区的能源供需平衡，从而形成干扰区域能源的外生警源，最终引发区域能源安全事件。所以影响能源价格的主要影响因素为政府的定价机制。

政府政策的调控对区域能源安全预警也产生着巨大影响。由于区域能源的供需量受到地区人口量、能源消耗量、社会经济等内外部环境因素影响，当区域内政府采取不同政策时，地区能源供需关系也会不同。有可能政府为了完成节能减排目标，从而限制每种能源的使用，从而出现能源替代品短缺，引发区域能源安全事件。

由第三章对 72 个案例的归纳整理，得出季节变化、自然灾害、突发事件和运力这四个外部因素对区域能源外生警源产生重要影响的结论。季节变化会导致能源使用量骤增，自然灾害的发生会导致能源需求的突然短缺，突发事件的发生会使能源紧缺，运力也会对能源的供给产生影响，这些影响因素最终都会导致区域能源安全事件的发生。而且，这些因素不是单独对能源供需量产生影响的，季节的变化如冬季极寒天气出现道路结冰等现象，自然灾害的爆发如地震使道路交通系统被破坏，都会导致交通运输能力瘫痪，发生能源紧缺现象，进而引发区域能源安全事件。

除了能源价格、政府政策和外部环境会对区域能源外生警源产生影响外，还有一些其他因素也会对区域能源外生警源产生影响。因为对 GDP 的追求，能源企业数量大量增加，会带来大量的污染，政府会采取治污措施，减少能源企业的排放，进而减少能源企业的生产量，从而造成能源的缺口加大，引发区域能源安全事件的发生。其他因素通过影响政府政策、能源价格和外部环境间接影响能源供需关系，进而影响区域能源外生警源。

4.1.2 采用系统动力学分析外生警源影响因素的必要性

本章通过结合区域能源外生警源影响因素的特点，认为采用系统动力学来分析是非常必要的，具体原因如下：

首先，区域能源外生警源系统是一个复杂系统，时刻处于内外部物质与信息交换的状态，除了能源价格和政府政策的影响外，外部环境也是影响区域能源外部预警的重要因素。并且，区域能源外生警源是一个整体的系统，并非封闭的、孤立的。因此，区域能源外生警源系统为系统动力学的应用提供了理论基础。

其次，系统动力学适用于分析高阶、非线性、多反馈回路的复杂动态系统。区域能源外生警源除了受到自身内部治理因素的影响，还受诸如外部环境、社会经济等多方因素的影响。因此，区域能源外生警源在内外部因素的影响下，会是一个非线性、多反馈的动态系统，由于系统模型具有直观、多回路、参数变化不敏感等特征，因此，其相较于传统的回归模型能更好地反映系统的结构特征。

4.2 外生警源影响因素的系统动力学模型构建

系统动力学（System Dynamics，SD）是将系统理论和计算机仿真紧密结合，对系统反馈结构与行为进行研究的一门学科，是系统科学与管理可续的重要分支。

系统动力学认为，系统的内部结构决定了所研究系统的行为模式与特性。反馈是指 A 影响 B 的同时，B 也会通过一系列的因果链来影响 A，不能通过孤立的分析 A 与 B 或者 B 与 A 之间的关联来分析系统的行为，只有把整个系统作为一个反馈系统才能得到符合现实逻辑的结论。

在非线性因素的影响下，高阶次复杂时变系统往往会产生出反直观的、千姿百态的动态特性。系统动力学模型作为实际系统，特别适用于社会、人口、生态等复杂大系统的相关研究。系统动力学处理复杂问题的方法就是定性与定量相结合、系统综合推理的方法，其建模过程（见图4-1）就是一个学习、调查、研究的过程。

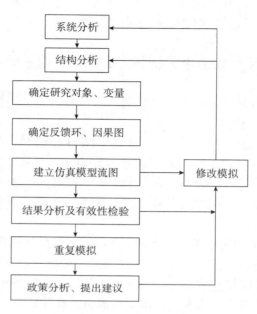

图 4-1　系统动力学建模步骤

4.2.1　建模目标

为了减少区域能源短缺的问题给社会和经济带来的不利影响，运用系统动力学方法构建区域能源安全外生警源影响因素分析模型的目标在于：

首先，通过构建区域能源安全的系统动力学模型，对模型进行有效性分析，可以得到关键因素在整个系统运行过程中的变化趋势及关键因素在不同时间段的改变，从而为区域能源安全预警从时间维度上提供相应的政策建议。

其次，在系统动力学模型构建完成的基础上，对模型进行灵敏度分析，找出对区域能源安全起关键作用的因素，改变这些因素的赋值大小，若影响因素的改变更易发生区域能源安全事件，则可以确定影响区域能源安全事件的关键外生影响因素。

本章构建系统动力学模型的假设为：①因为本书主要探讨区域能源外生警源对石油、煤炭等传统能源安全的影响，故不考虑光伏、风能等新源遭受的影响。②本章综合 72 个实际案例，将模型模拟时间假设为 12 个月。

4.2.2　系统边界的确定

系统的边界规定了哪一些因素应该划入系统模型内部，哪一些因素不应划入模型。系统的边界是建模者自我想象的虚拟轮廓，其把构建系统动力学模型所需要的所有需要考虑的内容考虑在内，并与其他外部环境相隔开。

基于建模目标和前文中对系统动力学中系统边界内涵的解释，本章找出了对区域能源外生警源产生影响的关键因素，一共由 21 个因素构成，分别是季节、常态需求量、GDP、人均 GDP、人均能源消耗量、定价机制、价格因子、能源企业数量、就业率、能源需求量、能源供给量、能源缺口、政策调控、环境污染程度、自然灾害影响程度、事件危急程度、突发事件影响力、常态生产能力、常态生产量、能源调用量、运力。本书主要考虑了能源价格波动、政府政策变化和外部环境改变的情境下区域能源安全事故发生的概率，其他的外部因素不考虑在内。

4.2.3　系统结构及因果关系图

4.2.3.1　系统结构

通过对前文的梳理，本章构建了区域能源外生警源模型系统的结构框图（见图 4-2），本章用能源缺口来体现区域能源安全事件，将区域能源安全外生警源系统动力学模型分为了两大子系统：能源供给子系统和能源需求子系统。这两个子系统之间既独立存在又相互影响。本章通过系统动力学方法对两大子系统进行全面的分析，对两大子系统的影响因素进行系统的解析，从而对能源供给子系统和能源消费总量进行长期动态的定量仿真和模拟。

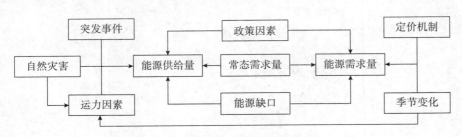

图 4-2　区域能源外生警源模型框图

4.2.3.2 因果关系图

在运用系统动力学方法进行研究时，因果关系图是构建系统流图的逻辑基础。如图 4-3 所示，图中的因果链可表示其对其他因素的影响作用是正还是负。简单来说，正号表明箭头所指的变量将随着箭头源法的变量的增加而增加、减少而减少；而负号则表示为负相关关系。

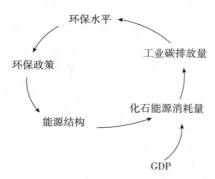

图 4-3　因果与相互关系图

基于前文对区域能源外生警源中各因素的关系分析可知，区域能源外生警源主要受制于能源需求量和能源生产量之间的相互关系，其中事件危机程度、自然危害程度、定价机制和运力成为左右区域能源安全的关键因素。基于此，本章将上述影响因素包含在能源需求子系统和能源供给子系统两个子系统中（见图 4-4）且子系统的内在关联表现在：

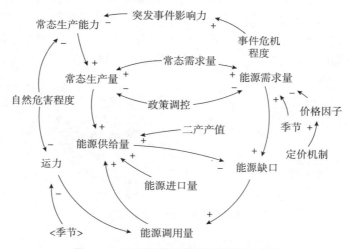

图 4-4　区域能源外生警源因果关系图

（1）能源供给子系统主要描述了当区域遭遇严重自然灾害和突发事件时，会给区域能源的常态生产力带来严重的负面影响，使能源的供给量大大减少。并且在极端天气下，能源的需求量也会有所增加，这样就会加大能源供需的缺口，从而爆发能源安全事件。自然灾害还会对区域内的运输能力造成负面影响，无论是夏季易暴发洪水，还是冬季易爆发极寒天气，都会使区域内的交通运输能力瘫痪。此时，区域外的能源运输不进来，区域内的能源储存又有限，能源缺口不断加大，从而引发区域能源安全事件。区域政府制定的相关政策也会引起能源供需关系发生变化，如 2011 年，重庆地区因贵州省煤炭能源产地突然对煤炭外销和运输实行严格控制，致使电煤出现供应紧张。

（2）能源需求子系统主要描述了季节变化和政府的定价机制、政策调控对能源需求量的影响作用。当处于季节交替时节时，易发生极端天气，如夏季高温或者冬季极寒天气，这种现象的发生会引发区域内居民大规模用电，区域内的能源消耗量增多，能源需求量骤增。由于能源需求量突然增多，能源供应量跟不上消耗量，易发生区域能源安全事件。在我国，能源价格主要是由政府决定的，价格机制不是由市场供需决定，因而能源价格的扰动会打破局部地区的能源供需平衡，从而形成干扰区域能源安全的外生警源，最终诱发区域能源安全事件。并且，由于国家节能减排政策的影响，各地区都制定了节能减排目标，而为了完成这一目标，一方面，可采取限制能源使用的措施；另一方面，用能方可能会使用替代能源。无论上述何种状况下，均有可能使部分地区出现能源或替代能源短缺，从而引发能源安全事件。

4.2.3.3　区域能源外生警源原因树分析

根据区域能源外生警源因果关系图，下文将对因果关系树进行分析，原因树可以清晰地阐明各变量之间的原因，以更直观地厘清各变量之间的相互作用。

（1）区域能源供给量因果树分析。由图 4-5 可知，能源的供应量受到常态生产量、能源调用量、二产产值和能源进口量的影响，一个地区的能源供应量应该是该地区二产产值、常态生产量、其他区域调动能源的数量和从国外进口的能源数量之和。而区域内能源的日常生产量与区域内能源的生产力有关，生产能力越大产量也就越多，与区域内的需求量也有关，区域内对能源的需求越大，相应的产量也会变大，以此来保障不会出现能源缺口，并且政府调控也会对常态生产量产生影响。

（2）区域内能源需求量因果树分析。由图 4-6 可知，价格因子、季节变化、常态需求量和政策调控的变化会对区域内能源的需求量产生影响。季节的变化会带来温度的改变，如夏季的高温和冬季的极寒，都会刺激区域内能源消耗量的增加，从而增加能源需求量。而消费者对价格十分敏感，能源价格的改变也会对能源需求量带来影响。

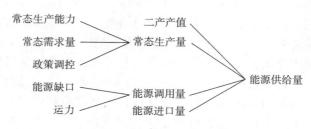

图 4-5　能源供给量因果原因树

图 4-6　能源需求量因果原因树

4.2.4　系统动力学模型

因果关系图只能描述反馈结构的基本方面，不能解释不同性质变量之间的区别，这是它的不足之处。如状态变量的积累概念，是系统动力学模型进行研究中最重要的量，然而因果关系图缺完全忽视了这一点。在实际生活中有许多积累作用的变量，如给杯子加水时，杯子中的水位上升就是积累的结果。系统动力学的流图中除了状态变量外，还有速率变量、辅助变量、常量和外生变量四类变量类型。

（1）速率变量。速率变量是用来描述系统的积累效应（状态变量）变化快慢的变量，又称为流率变量。其反映状态变量随时间所发生的变化的速度或决策幅度的大小，相当于数学上的导数意义。R1、R2 是速率变量，如图 4-7 所示。

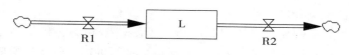

图 4-7　速率变量图示例

（2）辅助变量。辅助变量是描述决策过程的中间变量。这类变量会对状态变量或速率变量产生影响，但不表示它们之间的信息传递和转换过程，既不反映状态变量的积累效应，也不具有速率变量的导数意义。

（3）常量。常量是指在某一特定时间内，随时间变化很小或者不随时间发生变化的量。通常情况下，系统中的局部目标或标准用常量表示。

（4）外生变量。外生变量是指不存在于系统的反馈回路中，或其他变量变化不会对其产生影响的量，即内生变量（包括状态变量、速率变量、辅助变量和常量）的变化不会影响外生变量，但外生变量的变化会干扰内生变量。一般情况下，外生变量是时间的函数。

由上文中系统动力学构建流图的内涵和当中相关变量的意义，以及前文构建的因果关系图，引入状态变量、速率变量、辅助变量以及常量，建立系统流图，如图 4-8 所示。

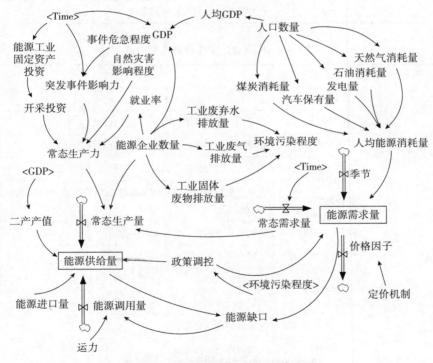

图 4-8　区域能源外生警源系统流图

这个系统模型中有 2 个状态变量（L）（见表4-2）、5 个速率变量（R）（见表4-3）、22 个辅助变量（A）（见表4-4）、5 个常量（C）（见表4-5），共 34 个变量。

表 4-2   系统动力学模型状态变量集

变量类型	变量名	变量说明
状态变量	能源供给量	区域内生产、进口的能源供给量的总和
	能源需求量	区域内所需能源消耗量的总和

表 4-3   系统动力学模型速率变量集

变量种类	变量名	变量说明
速率变量	常态生产量	日常状态下生产能源数量的总和
	能源调用量	从其他区域调用能源的数量总和
	价格因子	单位消耗能源所需价格
	常态需求量	日常状态下对能源的需求量的总和
	季节	一年四季的变化对能源的影响

表 4-4   系统动力学模型辅助变量集

变量种类	变量名	变量说明
辅助变量	能源缺口	能源供给小于能源需求时的差值量
	政策调控	政府出台相应政策对能源供需进行调整
	工业废气排放量	企业产生的各种排入空气的有害物质量
	工业废水排放量	企业产生的各种排入河流的有害物质量
	工业固体废物排放量	企业产生的固体废物排到固体废物污染防治设施、场所以外的数量
	环境污染程度	环境质量等级的一个抽象概括数值
	二产产值	区域内工业产值
	人均 GDP	人均国内生产总值
	煤炭消耗量	区域内煤炭消耗总量
	汽车保有量	区域内拥有汽车数量
	发电量	区域内用电消耗总量
	石油消耗量	区域内石油消耗总量
	天然气消耗量	区域内天然气消耗总量
	人均能源消耗量	区域内平均每个人能源消耗量

续表

变量种类	变量名	变量说明
辅助变量	GDP	国民生产总值
	能源企业数量	生产能源企业总量
	就业率	在业人员占在业人员与待业人员之和的百分比
	突发事件影响力	造成严重社会危害事件的影响力
	能源工业固定资产投资	能源产业对固定资产的投资数量
	常态生产力	日常状态下生产能源的能力
	开采投资	区域内对能源资源的开采情况
	人口数量	区域内人口总量

表 4-5　系统动力学常量变量集

变量种类	变量名称	变量解释
常量	能源进口量	区域内进口能源的总量
	运力	区域内的交通运输能力
	定价机制	能源价格制定的机制
	事件危急程度	突发事件对社会的危害程度
	自然灾害影响程度	发生自然灾害对区域能源的影响程度

4.3　外生警源影响因素的系统动力学模型模拟

4.3.1　主要参数的确定

　　由于区域能源外生警源影响因素中诱发区域能源安全事件的主体因素较为复杂，加上不同区域的能源政策不同，变化较大，导致获取相关数据的难度非常大，更无专业数据库的支持。因此，书中所构建的相关模型变量和初始值的设置，均采用平衡态赋值法予以确定。基于系统动力学方法的特征，模型初始值设定并不会影响系统内各变量之间相互关系的变化总趋势。

由于区域内有相应的能源企业生产能源，并且还有进口能源对能源缺口进行补充，故在设置能源供给量初始值时，充分考虑能源企业的生产量和能源进口量，并结合现实情况，将能源供给量初始值设置为40。在研究区域内，居民的日常生活和工业的生产需要都会对能源进行消耗，故考虑实际情况，将能源需求量初始值设置为30。

4.3.2 模型结构方程的确定

本系统动力学模型运用 vensim 软件进行构建模型，由于对区域能源造成影响的外生因素具有突发性，获取相关数据难度较大，加上历史数据库的缺失，因此本模型的模拟初始值和变量赋值很难根据历史数据进行设定。在对各变量进行综合考虑后，本章将仿真时长设定为12个月。

$$R \ 季节 = RANDOM \ NORMAL(0, 1, 0.2, 0.01, 0.2) + 0.9 \times PULSE \ TRAIN(1, 2, 6, 12) \tag{4-1}$$

为了正确反映季节的变化，本章采用了随机函数 RANDOM NORMAL 和越阶函数 PULSE TRAIN 两个函数，其中随机函数 RANDOM NORMAL 中的五个值分别表示最小值是0，最大值是1，均值为0.2，标准差为0.01，初始值为0.2；另外的越阶函数 RANDOM NORMAL 中的四个参数表示为第1个月会出现脉冲，脉冲的持续时间为两个月，第二次脉冲出现的时间是6月份，持续时间仍为两个月，直到12月份结束。这样设置的主要目的是考虑到在春夏和秋冬过渡阶段，会出现一个季节影响突然增强的情况。

$$R \ 常态需求量 = WITH \ LOOK \ UP(Time, ([(0,0)-(12,100)], (0,30), (12, 80))) \tag{4-2}$$

这里用表函数 WITH LOOK UP 来模拟常态需求量，以此表达常态需求量对能源需求量的影响。由于模型存在反馈过程，使得能源需求量增加，因此，在设定12个月的仿真时间里，常态需求量由最初的30上升为12月份的80。

$$A \ 价格因子 = DELAY1I(定价机制, 1, 0.3) \tag{4-3}$$

由于价格因子受定价机制的影响过程存在一定的时滞性，因此，这里采用一阶延迟函数来反映这个过程，设定价格因子的初始值为0.3，延迟时间为1个月。

$$L \ 能源需求量 = INTEG[常态需求量 \times (1+季节) \times (1-价格因子) \times (1+政策调控) \times (1+人均能源消耗量), 30] \tag{4-4}$$

这里主要考虑到季节对能源需求量是正向影响的，季节高峰期时对能源需求量增加，价格因子与能源需求量之间是负向影响的，价格提高时，市场对主要能源的消费意愿减弱，政府政策对能源需求量是正向作用的，政策改变时会增加能源的需求量，人均能源消耗量增多也会增多能源的消耗量。

$$C\ 定价机制 = 0.6 \tag{4-5}$$

$$C\ 自然灾害影响程度 = 0.7 \tag{4-6}$$

$$C\ 事件危急程度 = 0.7 \tag{4-7}$$

$$A\ 能源缺口 = 能源需求量 - 能源供给量 \tag{4-8}$$

$$A\ 环境污染程度 = 工业废弃水排放量 + 工业固体废物排放量 + 工业废气排放量 \tag{4-9}$$

$$C\ 运力 = 0.8$$

$$A\ 能源调用量 = DELAY1(IF\ THEN\ ELSE(能源缺口 \leqslant 0,\ 0,\ ABS(能源缺口)) \times 运力, 0.5) \tag{4-10}$$

这里用选择函数来表示能源调用量，当能源缺口≤0，也就是能源需求小于或等于能源供给量时，不需要从本区域外部调入能源，因为本区域内部此刻存在能源过剩；相反，当能源缺口>0，即能源需求大于能源供给量时，能源处于供不应求的状态，为缓解本区域能源短缺的状态，就需要从外部调入能源，调入量取决于能源缺口的大小和运力的共同作用。

$$A\ 突发事件影响力 = 事件危急程度 \times EXP(-Time) \tag{4-11}$$

为反映事件危急程度与突发事件影响力之间的关系，这里运用了随时间变化的指数函数，随着时间的递进，突发事件影响力是一个逐渐递减的过程。

$$A\ 常态生产能力 = (1-突发事件影响力) \times (1-自然灾害影响程度) \times (1-就业率) \times (1+开采投资) \tag{4-12}$$

常态生产能力的大小受自然灾害、突发事件、就业率和开采投资的共同作用，自然灾害和突发事件对常态生产能力产生负向影响，就业率和开采投资对常态生产能力产生负向影响。

$$A\ 常态生产量 = 常态生产能力 \times 常态需求量 \tag{4-13}$$

根据"需求影响供给"的原理，常态生产能力和常态需求量共同决定着常态生产量的高低。

$$L\ 能源供应量 = INTEG[(常态生产量 + 能源调用量 - 政策调控 + 二产产值 + 能源进口量), 40)] \tag{4-14}$$

本区域的常态生产量、能源进口量、政策调控改变量、二产产值增加量与外地能源调用量共同构成了能源供给量的高低，能源供应量初始值设为40。

4.4 外生警源影响因素的系统动力学模型结果及分析

4.4.1 模拟结果及分析

4.4.1.1 程式极端条件检验

程式极端条件检验一方面是为了检验模型中每个方程式在极端条件下是否仍具有实际意义，另一方面是为了检验模型的动态变化趋势是否与现实情况下变化趋势一致。如果处于极端情况下模型的行为模式与现实情况相匹配，那么该系统结构具有仿真意义。本章选取将影响能源供应量和能源需求量的具有代表性的四个外生变量来测试极端情况，观察结果是否与实际变化趋势相符。

当把价格因子、运力都设置为0，并且将自然灾害和突发事件影响力设置为1时，这表示区域内遭受了严重的自然灾害，并且自然灾害引发了大规模的突发性事件，导致区域内完全丧失从其他区域调动能源的交通运输能力。由图4-9可知，当爆发严重自然灾害时，区域内失去能源的常态生产能力，常态生产量也为0，并且在区域内交通运输能力瘫痪后，无法从其他区域调动能源资源，致使区域内能源供应量水平较低。因为季节的变化受到类似极寒、干旱等自然灾害的影响，会增加区域内的居民对能源的消耗，区域内的能源需求量变大，能源缺口随时间的变化而加大，对区域能源安全产生巨大的影响。由此可知，程式极端条件检验与实际情况中的理性行为模型吻合。

4.4.1.2 模型有效性分析

模型有效性分析是检验判断 SD 模型准确性的重要标准，检验分析模型仿真结果能否较好地拟合现实情况，并和现实情况相符。基于系统结构决定系统行为的基本原理，对仿真结果和现实情况进行一致性检验，具体仿真结果如图4-10 至图4-13 所示。

从图4-10 可以看出，能源需求量和能源供给量都呈现出不断上升的趋势，其中在能源需求量图中，第6个月到第8个月的能源需求量的斜率要明显高于前6个月能源需求量的斜率。这是因为到了夏季，炎热的天气令人们的耗电量增多，对电力的需求加大，仿真的结果符合现实情况变化。而能源供给量在 2~5 月和

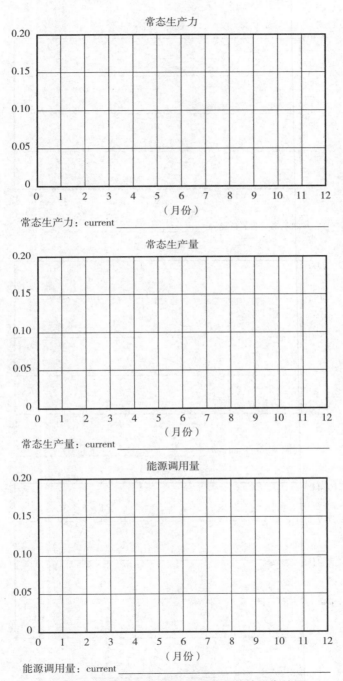

图 4-9　区域能源外生预警模型的有效性拟合结果

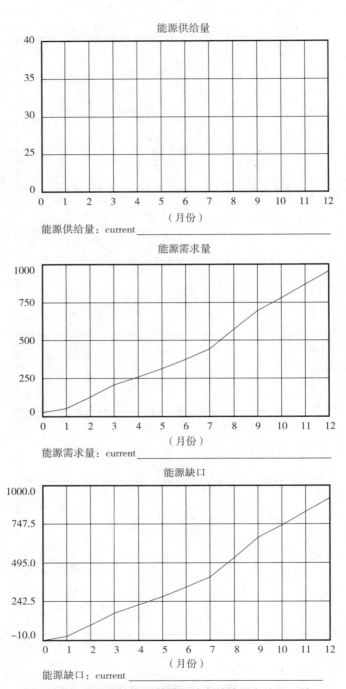

图4-9 区域能源外生预警模型的有效性拟合结果（续）

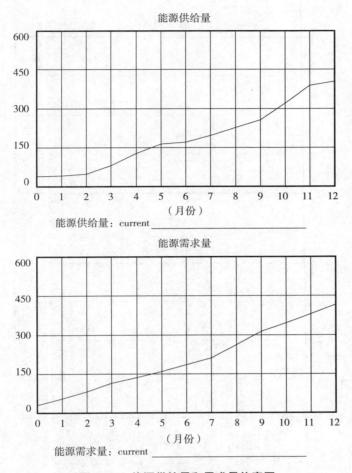

图 4-10　能源供给量和需求量仿真图

9~11 月增长趋势明显大于其他月份，这恰恰表明了在能源需求激增的时候，能源供给往往会出现反应时滞的现象。

从图 4-11 可以看出，在 2 月份之前，区域内的能源缺口是不断增大的，能源供需平衡失调，而在 2 月份时这种由供需失衡而导致的能源缺口达到上半年的峰值，而从下半年的 7~9 月，能源缺口也是不断增大的，供需平衡再次失调，并且在 9 月份的时候能源缺口达到下半年的最高值，此时能源缺口的峰值高于 2 月份的峰值。产生上述现象是因为在季节交替时容易发生自然灾害，夏季会出现洪水，冬季会出现极寒现象，此时居民的能源消耗量会多于其他月份。并且，夏季突发自然灾害如洪水的概率高于冬季，故下半年的能源缺口峰值要

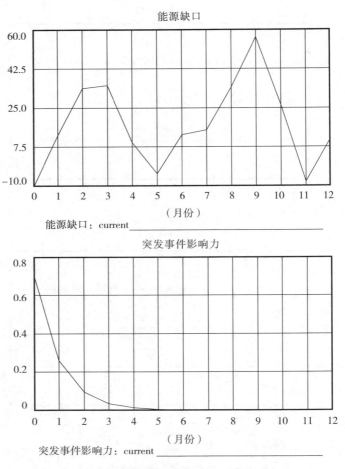

图4-11　能源缺口和突发事件影响力仿真图

大于上半年。

突发事件的影响力随着时间的变化呈现出指数下降的变化趋势，在6月份时，影响力就为0了。这是因为在突发事件爆发之后，政府为了稳定民生，会采取紧急救援措施，充分调动各区域的储备能源，在政府强有力的引导下，突发事件对各地区工业的经济生产和民众的日常生活产生的不利影响，会随着时间的变化慢慢减弱，仿真结果较好地反映了现实情况。

从图4-12可以看出，常态生产力在0~2月有一个明显的上升趋势，2月份之后接近水平变化趋势，而常态生产量几乎是呈线性缓慢上升的趋势。

从图4-13可以看出，能源调用量的变化趋势呈现出无规律的特征，1~3月

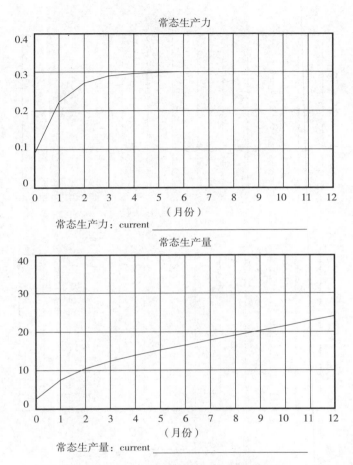

图 4-12　常态生产能力和常态生产量仿真图

呈现出递增的趋势，而在 3 月份后呈现出下降的趋势，直到 5 月份开始，能源调用量又呈现出上升趋势，随后一直保持增长，到 10 月达到峰值后，10~11 月就一直处于下跌趋势。这是因为在季节变化时，容易发生自然灾害，区域内能源供应紧张，能源的调用量也会更多。而在春季和秋季，由于极端天气出现的概率极低，故在 3~5 月和 10~11 月，能源调用量呈现出下降的趋势。为了反映季节的不同影响也有区别，对季节这个变量总和运用了越阶函数和随机函数，反映出 0~2 月和 6~8 月比一年中其他月份的影响程度更大。

4.4.1.3　模型敏感性分析

由前文分析可知，对区域能源安全产生较大影响的外生警源影响因素主要

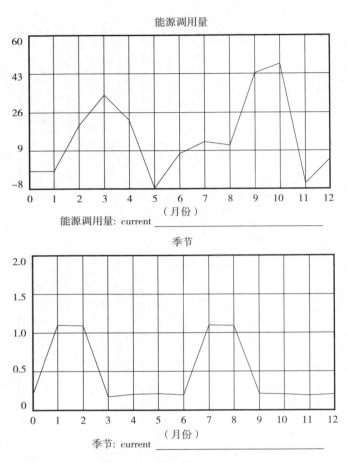

图4-13 能源调用量和季节仿真图

为运力、定价机制、突发事件影响力和自然灾害。因此，本章通过多次对构建的系统动力学模型进行模拟仿真，确定了个参数数值敏感性变化最显著值，对上述四个变量进行系统仿真。

（1）定价机制的敏感性分析。由区域能源外生警源形成机理可知，价格机制是影响区域能源安全的重要因素。由于我国能源价格主要是政府管制，市场的供需关系并不能左右能源价格的定价机制，进而若能源价格出现扰动就会打破局部区域的供需平衡关系，最终引发区域能源安全事件。基于此，本章将原系统中的定价机制分别设定为0.3、0.6和0.9的低、中和高三档，得到图4-14的对比结果。

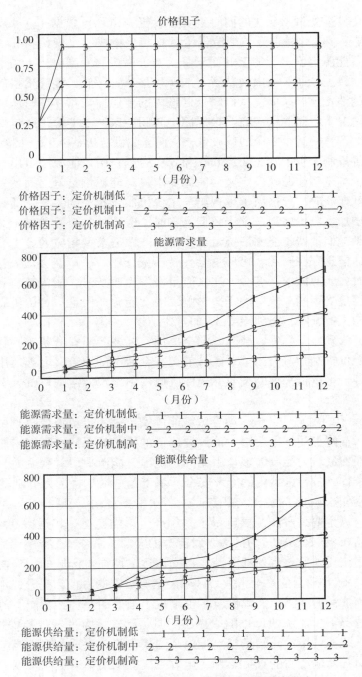

图 4-14　定价机制的改变对能源供需关系的影响

在保持其他变量不变化的同时，将定价机制由现行数据 0.6 改变成 0.3 和 0.9 的情况下，能源需求量与能源供给量均与价格机制呈现出负相关关系。能源需求量随着能源定价机制的上升而下降，当价格机制变高时，市场上能源的价格也会随之升高，而区域内消费者对能源价格非常敏感，能源价格的提高会使得消费者的消费意愿减弱，从而降低区域内的能源需求量。在整体的能源需求量降低的情况下，能源供应商会根据固定时间内区域的能源消耗量对能源供应做出相应的调整，减少能源的供应量，从而能源供应量整体出现下降的情况。

在定价机制分别由 0.3 变为 0.6 和 0.9 的过程中，能源缺口出现了由大变小的趋势，本章将能源缺口定义为能源需求量与能源供给量之间的差值，当定价机制由低变高时，价格因子呈现出与定价机制正相关的关系，随着定价机制的增加而增加。当价格因子处于较低水平时，区域内的消费者出于对价格的敏感，会刺激他们消费，能源消费量会变多，能源需求量相应的会上升，但是能源供给方的信息存在延迟，供应量会保持不变，能源缺口变会增大；相反，当价格变高时，能源需求量变少，在供应量不发生改变时，能源缺口会减小。由于能源调用量受到能源缺口的正向影响，因此能源调用量与定价机制之间同样是存在负相关的影响，得到图 4-15 的对比结果。

因此，为确保不发生区域能源安全事件、区域能源安全状况平稳运行，应高度重视定价机制和价格因子对区域能源安全状况的影响，合理运用政府调控手段对能源价格进行合理的调节，确保区域内不出现能源缺口过大引发的能源安全事件。

（2）运力的敏感性分析。结合区域能源安全外生警源形成机理可知，区域内对能源运输能力的不足会减少能源调用量的值，从而使得区域内能源供应量也减少，而在区域内能源需求量不变的情况下，能源缺口就会变大，从而发生能源安全事件，危害区域内的能源安全。基于此，本章将运力分别取 0.2、0.5 和 0.8。得到图 4-16 的对比结果。

由于运力主要是对能源供应量子系统产生影响，通过将运力的赋值由 0.2 变为 0.5 和 0.8，来反映运力的大小对能源供应量子系统产生影响带来的变化趋势。运力直接反映的是将外部能源通过交通运输调往本区域的运输能力，由图 4-16 可知，随着运力的逐渐增大，区域内交通运输能力得到提升，加大了从外部区域调回能源的能力，能源供应量也呈现出上升的趋势，在能源需求量不发生改变的情况下，能源缺口也随之减小。但是随着运力进一步的增强，在第 5 个月之后，能源调用量开始呈现出不规则的变化趋势，这是因为能源调用量受到能源缺口和运输能力的直接影响，运力对能源调用量的影响程度大于对能源供应量的影响程度。

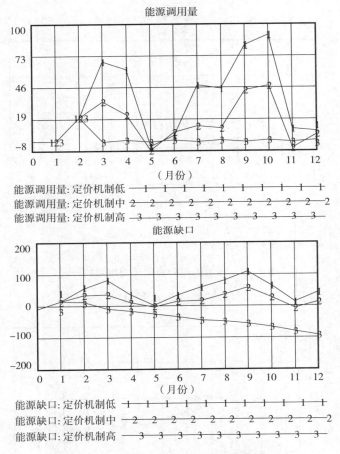

图 4-15　定价机制的改变对能源调用量的影响

从图 4-16 可以看出，在 1~3 月和 8~10 月时，能源调用量会多于其他月份。这是因为在一年四季中，夏季和冬季是自然灾害发生的高峰期，在这期间，夏季由于气温炎热且雨水较多，是洪涝灾害爆发的高峰期，而冬季由于天气寒冷且雨水较少，易出现极寒、暴雪等现象，这些因季节引起的现象都会造成交通瘫痪等事件的发生，这些自然灾害都对区域内的交通运输能力造成极大的挑战。交通运输能力的增加，会减少因季节变化所带来的影响，当运输能力较低时，区域内可使用的能源运输工具单一，在自然灾害高发期，无法将外地的能源运往本地，造成能源短缺的安全事件。反之，运力高时，区域内可使用的交通运输工具较多，在自然灾害爆发时能保证能源的供应，遏制能源安全事件的发生，仿真结果与现实情况相吻合。

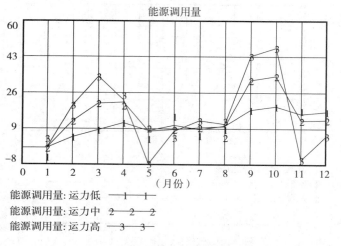

图 4-16　运力的改变对能源调用量的影响

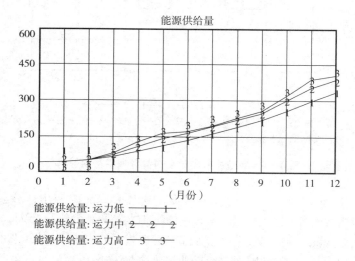

图 4-17　运力的改变对能源供应量的影响

由图 4-17 可知，运力的改变会对能源供给量产生显著影响。由于运力的增加改善了区域内交通运输能力，在遇到自然灾害时，从外地可以调回的能源量增多。能源调用量的值也随着运力的提高而增加，提高了区域内的能源供给量。

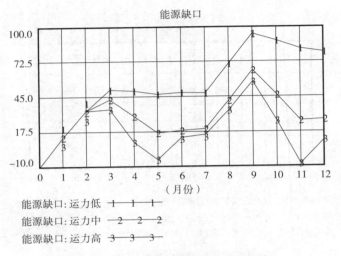

图 4-18　运力的改变对能源缺口的影响

由图 4-18 可知，能源缺口随着运力的增大而减少，交通运输能力的提高会增加区域内及时从外地获取能源的能力，增加区域内遇到自然灾害时的能源供应量，从而有效缓解能源缺口的增大，增加抗风险能力。图 4-18 中，1~2 月运力的提高对能源缺口并无影响，这是因为运力的提升是一个阶段性过程，提升交通能力需要花费大量时间、物力，具体表现在能源供应量和能源缺口上会有延迟。

由上可知，为确保能源供应不受季节变化的干扰，应加强对能源运输能力的保障程度，在突发自然灾害时，应采取对能源运输能力产生负面影响最小的措施，力保区域能源供给不出问题。

（3）自然灾害的敏感性分析。结合区域能源外生警源机理和相关案例分析可知，自然灾害的发生会影响区域内能源的供需关系，从而引发区域能源安全事件。基于此，本章分别将自然灾害的赋值取为 0.3、0.5 和 0.7。得到如下对比结果。

由图 4-19 可知，自然灾害程度越高，越影响区域内能源企业的正常生产，导致常态生产能力下降，从而降低常态生产量。常态生产量的变化与常态生产力同趋势，自然灾害影响程度越大，越对常态生产量造成严重的破坏。

由图 4-19 和图 4-20 可知，当自然灾害影响程度由低变高时，常态生产量和能源供应量都呈现出下降趋势，其中常态生产量的下降幅度大于能源供给量的下降幅度，而常态生产力在初期（0~2 月）出现较为明显的下降幅度后，2月以后趋于稳定。这是由于自然灾害的突然爆发使得区域内的交通运输能力减

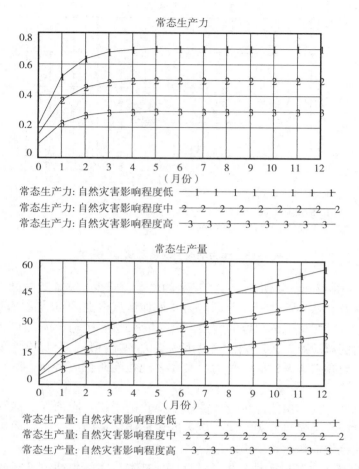

图4-19 自然灾害影响程度的改变对常态生产力和常态生产量的影响

弱，甚至瘫痪，区域内的能源企业生产力降低，从而使得能源的常态生产量减少。但是区域内的能源供给不仅依靠能源企业的生产，区域内有属于自己的能源储备，并且也可以从区域外调运能源救急，故常态生产量的下降幅度是明显大于能源供给量的。

由图4-21可知，能源缺口会随着自然灾害影响程度变大而变大，这是因为发生自然灾害会直接影响区域内的能源供给量，并且有些自然灾害如雪灾等，会加大区域居民对能源的消耗，从而增大能源缺口，造成短时间内的能源短缺，引发能源安全事件。图4-22显示，在初期到3月份整体出现了上升趋势后，7~9月继续上升，在9月份出现了峰值，能源缺口达到最大值。

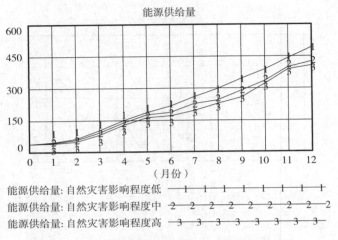

图 4-20　自然灾害影响程度对能源供应量的影响

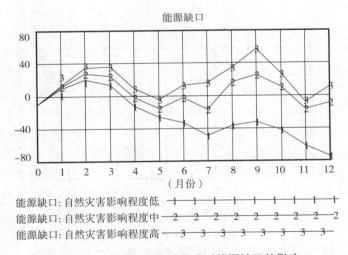

图 4-21　自然灾害影响程度对能源缺口的影响

　　而在自然灾害发生时，政府会第一时间启动相应的应急预案，当自然灾害对区域内经济影响程度较大时，区域内的能源调动量也相应地会加大，图 4-22 中能源调动量变化情况与现实情况大致相符。

　　（4）事件危急程度敏感性分析。结合 72 个现实案例可知，突发事件的危急程度对常态生产量和能源调用量产生极大的影响，故本章将突发事件影响程度分别赋值为 0.3、0.5 和 0.7，得到如下对比结果。

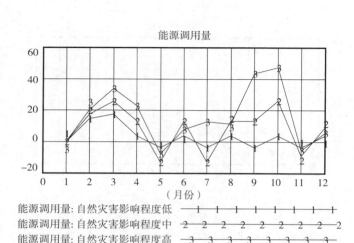

图 4-22　自然灾害影响程度对能源调用量的影响

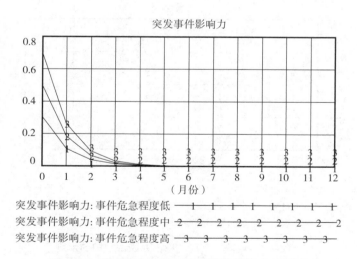

图 4-23　事件危急程度对突发事件影响力的影响

由图 4-23 可知，突发事件案件影响力随时间变化而指数减少，直到 4 月份影响力为 0。这是因为在爆发突发事件后，区域内的政府会采取相应的补救措施，遏制突发事件的负面影响，所以突发事件的影响力在仿真前期会呈现出急速下降的趋势，在中期降为 0 后就趋于平稳状态，对突发事件影响力的敏感性分析符合现实情况。

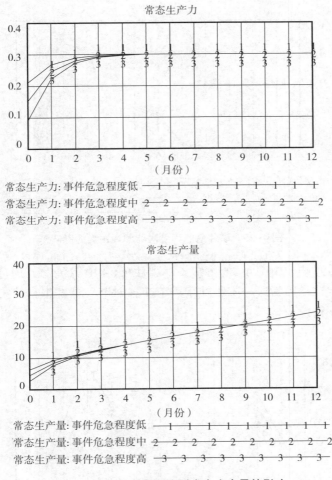

图 4-24　事件危急程度对常态生产量的影响

由图 4-24 可知，突发事件强度越大，常态生产力在开始时水平就越低，这是因为突发事件越严重，区域内的能源企业停止生产可能性就越大。在突发事件爆发后，政府第一时间采取了应急措施，使得区域内逐渐恢复能源的生产能力，而能源的产量也逐渐恢复。由于突发事件的产生具有突发性，事件危急程度对常态生产量的影响幅度小于其他因素对能源生产量的影响幅度。

突发事件发展得十分迅速，并且无法提前预知，在短时间内就会对区域内能源的供给量产生巨大影响，如 2008 年 6 月，西澳天然气管道爆炸使得本地区 1/3 的天然气发生供应中断的情况。根据实例可以看出，突发事件会对能源调

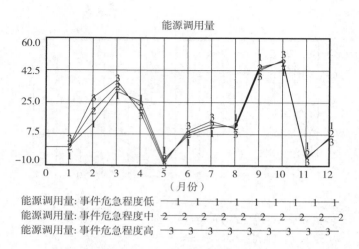

图 4-25　事件危急程度对能源调用量的影响

用量产生严重影响，由图 4-25 可知，1~3 月和 8~10 月能源调用量出现了明显的上升趋势，这是因为这一阶段处于季节交替时节，易发生自然灾害，发生突发事件的概率较大。

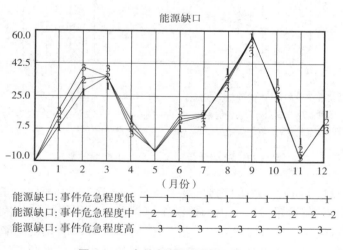

图 4-26　事件危急程度敏感性分析

由突发性事件引发的区域能源事件具有突发性、不易预测的特点，在短时间内就会造成能源缺口变大，形成区域能源安全事件。由图 4-26 可知，突发事件爆发后，事件的危急程度越高，产生的能源缺口也越大，严重危害区域能源的安全。而在模拟后期对能源缺口影响程度不大，因为在突发事件爆发之后，政府会采取相应的应急措施，迅速降低突发事件对区域能源安全的影响。并且区域政府还会提前对突发事件爆发进行演习，加强对各厂区的巡检，增加区域内的能源储备量，所以后期对能源缺口的影响并不大。

4.4.2　模拟结论

通过前文的系统动力学方法的模拟仿真，我们可以得出运力、季节变化、自然灾害和突发事件的爆发这四个外生因素会对区域能源安全产生极大的影响。其中，自然灾害和突发事件的爆发直接对区域能源安全事件产生负面影响，自然灾害和突发事件的爆发会导致常态生产能力降低，从而降低能源的供给量，扩大能源缺口，造成能源安全事件。季节的变化则是主要集中在夏季和冬季自然灾害较易爆发的季节，并且在夏季和冬季用电量也会激增，从而造成区域能源使用量骤升，而能源供应量不变，造成能源短缺，间接地影响能源安全。而运力的提高会增加区域内能源的调用量，增加区域内能源的供给量，保证区域内不出现能源安全事件，对区域能源安全产生正向影响。

4.5　本章小结

本章通过对区域能源外生警源形成机理和 72 个现实案例进行总结，找出对区域能源安全产生影响的关键因素，并结合区域能源安全外生警源实际运行情况，结合系统动力学方法，构建出能源供应量和能源消费量的区域能源安全外生警源因果关系图，通过 vensim PLE 软件进行模拟仿真后，结果能够较好地反映现实情况。同时，进行灵敏度分析，得出自然灾害影响程度和事件危急程度会对能源供给量产生负向影响，定价机制对能源需求量产生负向影响，运力对能源供给量会产生正向影响的结论。

第 5 章
基于多维关联规则的区域能源安全
外生警源隐含特征分析

关联规则挖掘已成为数据挖掘领域中的一个重要研究课题，并在各行业中广泛应用，其主要目的在于发现大量数据中项集间有趣的关联或相关联系。经典的关联规则研究大多是单一属性的，但在实际应用中，研究问题往往涉及多个属性。如在区域能源安全外生警源案例中，包括发生时间、发生地点、事件类型、诱发原因、波及范围、持续时间、能源缺口程度、经济损失程度和社会反响等多个属性，在此数据集上产生的关联规则涉及两个及以上的属性，由此把包含多个属性的关联规则称之为多维关联规则。可以说，多维关联规则的提出为传统的关联规则挖掘应用研究开辟了一个新领域。本书在区域能源安全外生警源案例数据分析的基础上，针对能源安全外生警源数据集的特点，运用多维关联规则方法挖掘出隐藏在能源安全外生警源数据间的规律，为制定区域能源安全政策提供有利的参考和手段。

5.1 关联规则挖掘的基本理论

随着数据库技术的迅速发展以及数据库管理系统的广泛应用，人们积累的数据越来越多。激增的数据背后隐藏着许多重要的信息，人们希望能够对其进行更高层次的分析，以便更好地利用这些数据。目前的数据库系统可以高效地实现数据的录入、查询、统计等功能，但无法发现数据中存在的规律，无法根据现有的数据预测未来的发展趋势。缺乏找出数据背后隐藏知识的手段导致了"数据爆炸但知识贫乏"的现象，于是数据挖掘技术应运而生，并显示出强大的生命力。数据挖掘就是从大量的、不完全的、有噪声的、模糊的、随机的数据中，提取隐含在其中的、人们事先不知道的、但又是潜在有用的信息和知识的过程。它使人类分析问题和发现知识的能力得到了延伸。关联规则挖掘算法是数据挖掘中最活跃的研究方法之一。

5.1.1　问题描述

关联规则是由阿格拉瓦尔（Agrawal）等于 1993 年最早提出的。关联规则是数据中蕴含的一类重要规律，对关联规则进行挖掘是数据挖掘中的一项根本性任务，甚至可以说是数据库和数据挖掘领域所发明的并被广泛研究的最为重要的模型。关联规则挖掘的目标是在数据项中找出所有的并发关系，这种关系也称作关联。

定义 5.1　项与项集　数据库中不可分割的最小单位信息称为项目，用符号 i 表示。项的集合称为项集。设集合 $I = \{i_1, i_2, \cdots, i_m\}$ 是项集，I 中项目的个数为 k，则集合 I 称为 k–项集。如集合 {石油，天然气，煤炭} 是一个 3–项集。

定义 5.2　事务　设 $I = \{i_1, i_2, \cdots, i_m\}$ 是由数据库中所有项目构成的集合，一次处理所含项目的集合用 T 表示，$T = \{t_1, t_2, \cdots, t_n\}$。每一个 t_i 包含的项集都是 I 的子集，则称 T 为一个数据库事务集合，其中每个事务 t_i 是一个项目集合，并满足 $t_i \subseteq I$。

例如，如果一个区域能源安全中断事件涉及多个省市，这些省市的信息在数据库中有一个唯一的标识，用以表示这些省市是受同一次能源安全事件影响。我们称该能源安全事件对应一个数据库事务。

定义 5.3　关联规则　一个关联规则是一个如下形式的蕴涵关系：

$X \Rightarrow Y$，其中 $X \subset I$，$Y \subset I$，且 $X \cap Y = \phi$。

X（或 Y）是一个项目的集合，称作项目集，并称 X 为前件，Y 为后件。关联规则反映 X 中的项目出现时，Y 中的项目也跟着出现的规律。

关联规则挖掘的经典应用是购物篮数据分析，目的是找出顾客在商品购买数据中所隐藏的规律，即所购商品间的关联关系。因此，本书以例 5-1 来说明关联规则的含义。

【例 5.1】　我们收集了一个商场里出售的商品数据，项集 I 表示商场中出售的所有商品。一位顾客一次购买的商品集合 T 为一个事务。一个事务 $T = \{$啤酒，尿布，牛奶$\}$，表示一位客户一次购买了啤酒、尿布、牛奶三件商品。通过对项集中的所有数据进行关联规则挖掘，得到一条关联规则：

$$啤酒 \Rightarrow 尿布 \tag{5-1}$$

其中，{啤酒} 是关联规则的前件 X；{尿布} 是关联规则的后件 Y。

啤酒和尿布的故事已经广为人晓。该条关联规则的解释为：很多年轻的父亲买尿布的时候会顺便为自己买一瓶啤酒。

5.1.2 相关概念

为快速挖掘出项集 I 中所隐藏的关联规则，需要设计关联规则的产生机制，定义了以下规则产生的参数和约束条件。

定义 5.4 项集的频数 包括项集的事务数称为项集的频数。项集的频数又称项集的支持度计数。对于项集 X，项集的支持度计数可表示为 supcount（X）。

定义 5.5 关联规则的支持度（support） 关联规则的支持度是事务中同时包含的 X 和 Y 的事务数与所有事务数之比，可以看做是概率 $P(XY)$ 的估计。记为 support（$X{\Rightarrow}Y$）。

$$\text{support}(X{\Rightarrow}Y) = \text{support}(X \cup Y) = P(XY) \tag{5-2}$$

支持度反映了 X 和 Y 中所含的项在事务集中同时出现的频率。支持度是一个很有用的评价指标，如果它的值太小，表明相应的规则很可能是偶然发生的。在一个商业环境中，一个覆盖了太少案例的规则很可能没有任何价值。

定义 5.6 关联规则的置信度（confidence） 关联规则的置信度是事务集中包含 X 和 Y 的事务数与所有事务数与包含 X 的事务数之比，可以看作 $P(Y|X)$ 条件概率的估计。记为 confidence（$X{\Rightarrow}Y$），即：

$$\text{confidence}(X{\Rightarrow}Y) = \frac{\text{support}(X \cup Y)}{\text{support}(X)} = P(Y|X) \tag{5-3}$$

置信度反映了包含 X 的事务中，出现 Y 的条件概率。置信度决定了规则的可预测度。如果一条规则的置信度太低，那么从 X 很难可靠地推断出 Y。置信度太低的规则在实际应用中用处不大。

定义 5.7 最小支持度与最小置信度 通常用户为了达到一定的要求，需要指定规则必须满足的支持度和置信度阈值，当支持度 support（$X{\Rightarrow}Y$）和置信度 confidence（$X{\Rightarrow}Y$）分别大于等于各自的阈值时，认为 $X{\Rightarrow}Y$ 是有趣的。此两个值称为最小支持度阈值（记为 minsup）和最小置信度阈值（记为 minconf）。

其中，minsup 描述了关联规则的最低重要程度，minconf 规定了关联规则必须满足的最低可靠性。

定义 5.8 频繁项集 设 $T = \{t_1, t_2, \cdots, t_n\}$ 为项目的集合，且 $T \subseteq I$，$T \neq \varnothing$，对于给定的最小支持度 minsup，如果项集 T 的支持度 support（T）$\geqslant$ minsup，则称 T 为频繁项集，否则，T 为非频繁项集。

定义 5. 9　k-频繁项集　一个项集中项目的个数为该项集的基数，称一个基数为 k 的项集为 k-项集，相应地，称一个基数为 k 的频繁项目集为 k-频繁项集。

定义 5. 10　强关联规则　在挖掘出的关联规则中，如果 support $(X \Rightarrow Y) \geqslant$ minsup 且 confidence $(X \Rightarrow Y) \geqslant$ minconf，称关联规则 $X \Rightarrow Y$ 为强关联规则，否则称 $X \Rightarrow Y$ 为弱关联规则。

设 X 和 Y 是数据集 D 中的项目集。则关联规则和频繁项集具有以下性质：

（1）若 $X \subseteq Y$，则 support $(X) \geqslant$ support (Y)；

（2）若 $X \subseteq Y$，如果 X 是非频繁项目集，则 Y 也是非频繁项目集，即任意弱项目集的超集都是弱项集；

（3）若 $X \subseteq Y$，如果 Y 是非频繁项目集，则 X 也是非频繁项目集，即任意大项集的子集都是大项集。

5.1.3　关联规则实例

表 5-1 是一个包含 6 个事务的事务集合。每个事务 t_i 表示一次能源安全事件所涉及的省市范围。如事务 t_1 中的内容是上海市、浙江省、江苏省、安徽省，表示该次能源安全事件影响到了以上四个省市。集合 I 是所有发生的能源安全事件集合。

表 5-1　一个事务集合的例子

事务	t_1	t_2	t_3	t_4	t_5	t_6
事项	安徽省 江苏省 上海市 浙江省	辽宁省	江苏省 江西省 浙江省	湖北省 湖南省 江苏省 浙江省	山西省 浙江省	湖南省 江苏省 山西省 浙江省

给定一个用户指定的最小支持度 minsup＝50%，最小置信度 minconf＝75%，则下面一条关联规则是符合要的。

关联规则 1：江苏省 $\Rightarrow$ 浙江省 $\left[\text{support} = \dfrac{4}{6}, \text{confidence} = \dfrac{4}{4} \right]$

该条关联规则的支持度是 66.7%，大于最小值支持度阈值；置信度是 100%，大于最小置信度阈值。因此，该条关联规则是成立的。该条关联规则的解释为：江苏省发生了能源安全事件会波及浙江省。

同理，下面一条关联规则也是符合要的。

关联规则 2：浙江省 $\Rightarrow$ 江苏省 $\left[\text{support} = \dfrac{4}{6}, \text{confidence} = \dfrac{4}{5}\right]$

该条关联规则的支持度是66.7%，大于最小值支持度阈值；置信度是80%，大于最小置信阈值。因此，该条关联规则是成立的。该条关联规则的解释为：浙江省发生了能源安全事件会波及江苏省。

两条关联规则同时成立，但是关联规则1的置信度要高于关联规则2。用户在选用关联规则时，在支持度相同的条件下，优先选择置信度高的关联规则。

在表5-1的事务集合中，还隐藏着很多关联规则，关联规则挖掘的最核心的工作是快速地从事务集合中找出所有满足最小支持度和最小置信度的规则。目前，已有的文献中提出了大量的关联规则挖掘算法，尽管它们的效率各不相同，但在同样的关联规则定义下，它们输出的结果都应该是一样的。因此，本书要找到一种适合区域能源安全外生警源数据的多属性关联规则挖掘算法，Apriori算法最适合解决该类问题。

5.2　Apriori 算法的基本原理

本书采用 Apriori 算法的基本原理来挖掘隐含在区域能源安全外生警源数据中的规则。该方法主要包括两个主要步骤：

第一，从事务项的集合中找出所有的频繁项集，频繁项集是一个支持度高于最小支持度 minsup 的项集。

第二，从频繁项集中生成所有可信关联规则，一个可信关联规则是置信度大于最小置信度 minconf 的规则。

5.2.1　频繁项集生成

Apriori 算法是一种最有影响的挖掘布尔关联规则频繁项集的算法。算法使用频繁项集性质的先验知识，基于向下封闭属性来高效地产生所有频繁项目集。

定义 5.11　向下封闭属性　如果一个项集是 k-频繁项集，并且满足最小支持度要求，那么这个项集的任何非空子集一定都满足这个最小支持度。

根据频繁项集这个属性和最小支持度阈值可以将大量的不可能的频繁项目

集的项集删除。为提高频繁项目集生成的效率，Apriori 算法假定 I 中的项目都采用字典排列。在算法中涉及的每个项集也都始终保持这个顺序。

Apriori 算法使用一种称作逐层搜索的迭代方法来生成频繁项集。它采用多轮搜索的方法，每一轮搜索扫描一遍整个数据库，并最终生成所有的频繁项目集。k-项集用于探索 $(k+1)$-项集。

生成频繁项集首先找到频繁 1-项集的集合，该集合记作 L_1。L_1 用于找频繁 2-项集的集合 L_2，而 L_2 用于找 L_3，依此下去，直到不能找到频繁 k-项集。找每个 L_k 需要扫描一次数据库。步骤如下：

5.2.1.1　找到频繁 1-项集

扫描事务数据库，supcount (A) 表示事务项集 A 出现的次数，count (T) 表示事务的个数。根据公式（5-2）设置频繁项集的最小支持度 minsup，把满足最小支持度的单个事务项称作频繁 1-项集。

5.2.1.2　连接步

通过 L_{k-1} 与自己连接产生候选 k-项集的集合。该候选项集的集合记作 C_k。设 l_1 和 l_2 是 L_{k-1} 中的项集。记号 l_i $[j]$ 表示 l_i 的第 j 项。为方便计算，假定事物项按字典序排序。执行连接 $L_{k-1} \bowtie L_{k-1}$，其中 L_{k-1} 的元素是可连接的，如果它们前 $(k-2)$ 个项相同，即当满足公式（5-4）中的条件时，L_{k-1} 的元素 l_1 和 l_2 是可连接的，连接 l_1 和 l_2 产生的结果项集是 $\{l_1 [1], l_2 [2], \cdots, l_1 [k-1], l_2 [k-1]\}$。

$$s.t.\ (l_1 [1] = l_2 [1]) \wedge (l_1 [2] = l_2 [2]) \wedge \cdots \wedge (l_1 [k-2] = l_2 [k-2]) \wedge (l_1 [k-1] = l_2 [k-1])$$

$$\text{且 } l_1 [k-1] < l_2 [k-1] \tag{5-4}$$

5.2.1.3　剪枝步

C_k 是 L_k 的超集，它的成员可以是也可以不是频繁的，但所有频繁 k-项集都包含在 C_k 中。扫描数据库，确定 C_k 中每个候选的计数，根据公式（5-2）的最小支持度确定 L_k。然而，C_k 可能很大，这样所涉及的计算量就很大。任何非频繁的 $(k-1)$-项集都不可能是频繁 k-项集的子集。因此，如果一个候选 k-项集的 $(k-1)$-子集不在 L_{k-1} 中，则该候选也不可能是频繁的，从而可以从 C_k 中删除。

根据以上思想，设计了如图 5-1 所示的频繁项集生成的流程。

算法：Apriori 使用根据候选生成的逐层迭代找出频繁项集。

输入：事务数据库 D；最小支持阈值 minsup。

输出：D 中的频繁项集 L。

方法：

1）扫描数据库 D，找到频繁 1 项集；

2） for（$k=2$；$L_{k-1} \neq \varnothing$；$k++$）{

3） $C_k = $aproiri_ gen（$L_{k-1}$, minsup）；//产生候选集，并剪枝

4）   for 每个事物 $t \in D$ { //扫描 D 进行候选集计数

5） $C_t = $subset（$C_k$, t）；//得到 t 的子集

6）   for 每个候选集 $c \in C_t$

7）   supcount（c）++；

8）   }

9） $L_k = \{ c \in C_k \mid $supcount（$c$）$\geq$minsup$\}$

10）   }

11）   return$L = \cup_k L_k$ //所有的频繁集；

procedure aproiri_ gen（L_{k-1}: frequent（$k-1$）-itemsets；$min\_ sup$: minimum support threshold）

1）   for 每个项集 $l_1 \in L_{k-1}$

2）   for 每个项集 $l_2 \in L_{k-1}$

3）   if（l_1［1］$= l_2$［1］）$\wedge$（l_1［2］$= l_2$［2］）$\wedge \cdots \wedge$（l_1［$k-2$］$= l_2$［$k-2$］）$\wedge$（l_1［$k-1$］$= l_2$［$k-1$］）then {

4） $c = l_1 \bowtie l_2$； // 连接步：产生候选集

5）   if has_ infrequent_ subset（c, L_{k-1}）then

6）   delete c； // 剪枝步：删除非频繁候选集

7）   else 增加 c 到 C_k 集合中；

8）   }

9）   returnC_k；

procedure has_ frequent_ subset（c: candidate k-itemset；L_{k-1}: frequent（$k-1$）-itemset）

    //利用先验知识

1）   for 每个（$k-1$）-subset s of c

2）   if $s \notin L_{k-1}$ then

3）   return TRUE；

4）   return FALSE。

图 5-1 Apriori 算法频繁项集生成的流程

5.2.2　频繁项集生成案例

本章以表 5-1 中的事务集合为例，来说明频繁项集的生成过程。

5.2.2.1　数据清洗

首先，对表 5-1 中事项按字典序进行排序，排序结果见表 5-2。其中，事项 ID 标识在数据库中的事项标识。

表 5-2　事项的字典序排序

事项	安徽省	湖北省	湖南省	江苏省	江西省	辽宁省	上海市	山西省	浙江省
事项 ID	I_1	I_2	I_3	I_4	I_5	I_6	I_7	I_8	I_9

依据表 5-2 的字典序排序结构，把表 5-1 的事务集合转化为数据库 D 中的数据列表，见表 5-3。

表 5-3　数据库 D 中的数据列表

事务	事项的 ID 列表
T100	I_1，I_4，I_7，I_9
T200	I_6
T300	I_4，I_5，I_9
T400	I_2，I_3，I_4，I_9
T500	I_8，I_9
T600	I_3，I_4，I_8，I_9

设最小支持度计数为 2，即 $\text{minsup} = \dfrac{1}{3}$，利用 Apriori 算法产生数据库 D 候选项集及频繁项集。

5.2.2.2　频繁 1-项集的生成

第一次扫描数据库 D 获得每个候选项的计数，频繁 1-项集的产生过程见图 5-2。由于最小事务支持数为 2，没有删除任何项目。可以确定频繁 1-项集的集合 L_1，它由具有最小支持度的候选 1-项集组成。

C_1

项集	支持度计数
$\{I_3\}$	2
$\{I_4\}$	4
$\{I_8\}$	2
$\{I_9\}$	5

比较候选支持计数
与最小支持度计数
→

L_1

项集	支持度计数
$\{I_3\}$	2
$\{I_4\}$	4
$\{I_8\}$	2
$\{I_9\}$	5

图 5-2　频繁 1-项集的产生

5.2.2.3　频繁 2-项集的生成

为发现频繁 2-项集的集合 L_2，算法使用 $L_1 \bowtie L_1$ 产生候选 2-项集的候选集合 C_2。因为候选 2-项集的子集都是频繁 1-项集，故在剪枝步没有 2-项集从候选集合 C_2 中删除。第二次扫描数据库 D，删除候选子集 $\{I_3，I_8\}$ 和 $\{I_4，I_8\}$，因为这些候选的每个子集的支持度计数小于最小支持度计数 2。频繁 2-项集产生的过程见图 5-3。

C_2

项集	支持度计数
$\{I_3，I_4\}$	2
$\{I_3，I_8\}$	1
$\{I_3，I_9\}$	2
$\{I_4，I_8\}$	1
$\{I_4，I_9\}$	2
$\{I_8，I_9\}$	2

比较候选支持计数
与最小支持度计数
→

L_2

项集	支持度计数
$\{I_3，I_4\}$	2
$\{I_3，I_9\}$	2
$\{I_4，I_9\}$	2
$\{I_8，I_9\}$	2

图 5-3　频繁 2-项集的产生

5.2.2.4　频繁 3-项集的生成

为发现频繁 3-项集的集合 L_3，算法使用 $L_2 \bowtie L_2$ 产生候选 3-项集的候选集合 C_3。由于候选 3-项集在连接过程中涉及的事项较多，在产生前需要进行剪枝处理，具体过程如下：

（1）连接 $L_2 \bowtie L_2$。$C_3 = L_2 \bowtie L_2 = \{ \{I_3, I_4\}, \{I_3, I_9\}, \{I_4, I_9\}, \{I_8, I_9\} \} \bowtie \{ \{I_3, I_4\}, \{I_3, I_9\}, \{I_4, I_9\}, \{I_8, I_9\} \} = \{ \{I_3, I_4, I_9\}, \{I_3, I_8, I_9\}, \{I_4, I_8, I_9\} \}$。

（2）使用 Apriori 性质剪枝。频繁项集的所有非空子集也必须是频繁的。候选 3-项集 $\{I_3, I_8, I_9\}$ 包含的两个事项子集为 $\{I_3, I_8\}$，$\{I_3, I_9\}$ 和 $\{I_8, I_9\}$，其中 $\{I_3, I_8\}$ 为非频繁 2-项集，故 $\{I_3, I_8, I_9\}$ 不是频繁 3-项集。同理，$\{I_4, I_8, I_9\}$ 也不是频繁 3-项集。

这样，剪枝后的候选频繁 3-项集为 $\{I_3, I_4, I_9\}$，故 $C_3 = \{I_3, I_4, I_9\}$。
频繁 3-项集产生的过程见图 5-4。

C_3	
项集	支持度计数
$\{I_3, I_4, I_9\}$	2

比较候选支持计数
与最小支持度计数 →

L_3	
项集	支持度计数
$\{I_3, I_4, I_9\}$	2

图 5-4　频繁 3-项集的产生

通过以上频繁项集挖掘过程，产生的频繁项集见表 5-4。

表 5-4　频繁项集

频繁 k-项集	频繁项集
频繁 1-项集	$\{I_3\}$，$\{I_4\}$，$\{I_8\}$，$\{I_9\}$
频繁 2-项集	$\{I_3, I_4\}$，$\{I_3, I_9\}$，$\{I_4, I_9\}$，$\{I_8, I_9\}$
频繁 3-项集	$\{I_3, I_4, I_9\}$

5.2.3　关联规则生成及案例

一旦由数据库中的事务找出频繁项集，可直接由它们产生强关联规则。和频繁项集的生成过程相比，关联规则的生成相对简单得多。从频繁项集 L 中抽取所有关联规则需要用到 L 的所有非空子集。Minconf 为最小置信度阈值。

5.2.3.1　关联规则的产生
关联规则的产生步骤包括：

（1）对于每个频繁项集 L，产生 L 的所有非空子集。

（2）对于频繁项集 L 的每个非空子集 S，如果满足公式（5-5），则生成一条关联规则 $(L-S) \Rightarrow S$。

$$\frac{supcount(L)}{supcount(L-S)} \geq minconf \tag{5-5}$$

5.2.3.2 关联规则的产生案例

以表 5-4 中的频繁项集来说明关联规则的产生过程。对于频繁 1-项集，由于无非空子集，故无法产生关联规则。关联规则只能在基数为 2 以上的频繁项集中产生。假设 minconf=75%，得出的关联规则见表 5-5。

表 5-5　关联规则挖掘

频繁项集	可能的关联规则	置信度（%）
$\{I_3, I_4\}$	$I_3 \Rightarrow I_4$	100
	$I_4 \Rightarrow I_3$	50
$\{I_3, I_9\}$	$I_3 \Rightarrow I_9$	100
	$I_9 \Rightarrow I_3$	40
$\{I_4, I_9\}$	$I_4 \Rightarrow I_9$	50
	$I_9 \Rightarrow I_4$	40
$\{I_8, I_9\}$	$I_8 \Rightarrow I_9$	100
	$I_9 \Rightarrow I_8$	40
$\{I_3, I_4, I_9\}$	$I_9 \Rightarrow I_3 \wedge I_4$	40
	$I_4 \Rightarrow I_3 \wedge I_9$	50
	$I_3 \Rightarrow I_4 \wedge I_9$	100
	$I_4 \wedge I_9 \Rightarrow I_3$	100
	$I_3 \wedge I_9 \Rightarrow I_4$	100
	$I_3 \wedge I_4 \Rightarrow I_9$	100

当 minconf=75% 时，可行的关联规则为：$I_3 \Rightarrow I_4$，$I_3 \Rightarrow I_9$，$I_8 \Rightarrow I_9$，$I_3 \Rightarrow I_4 \wedge I_9$，$I_4 \wedge I_9 \Rightarrow I_3$，$I_3 \wedge I_9 \Rightarrow I_4$ 和 $I_3 \wedge I_4 \Rightarrow I_9$。

5.3　多维关联规则挖掘方法

由于区域能源安全外生警源数据涉及多属性，经典的 Apriori 算法无法解决该类问题的关联规则挖掘问题。因此，在经典 Apriori 算法基础上提出了多维关联规则挖掘算法。

5.3.1　多维关联规则定义

定义 5.12　谓词　关联规则中，规则前件 X 和规则后件 Y 所对应的变量属性称作谓词。

定义 5.13　单维关联规则　关联规则中规则前件 X 和规则后件 Y 对应同一个谓词，这样的关联规则称作单维关联规则。如在（5-1）啤酒 $\Rightarrow$ 尿布的关联规则中，规则前件啤酒和规则后件尿布所对应的谓词都是购买。

定义 5.14　多维关联规则　关联规则中规则前件 X 和规则后件 Y 对应多个谓词，这样的关联规则称作多维关联规则。如：

发生时间（夏季）$\wedge$ 持续时间（5~7 个月）$\Rightarrow$ 能源缺口（较大）　　　（5-6）

在（5-6）关联规则中，规则前件的谓词是发生时间和持续时间，规则后件的谓词是能源缺口。

定义 5.15　不重复谓词　多维关联规则中每个谓词仅出现一次，这样的谓词称作不重复谓词。关联规则（5-6）中，发生时间、持续时间和能源缺口在规则中属于不重复谓词。

定义 5.16　维间关联规则　具有不重复谓词的关联规则称作维间关联规则。关联规则（5-6）是维间关联规则。

定义 5.17　混合维关联规则　在多维关联规则中，有些谓词重复多次出现，这样的关联则称作混合维关联规则。

5.3.2　多维关联规则挖掘

5.3.2.1　多维关联规则中的属性

在多维关联规则中涉及多个谓词，谓词对应的属性在数据库中可能是分类属性或量化属性。

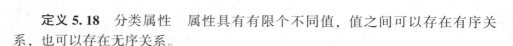

定义 5.18 分类属性 属性具有有限个不同值，值之间可以存在有序关系，也可以存在无序关系。

如发生地区这个属性可以在集合 ｜东北地区、华北地区、华中地区｝ 中取值，各属性值是无序关系。能源缺口这个属性可以在集合 ｜非常小、很小、小、中等、大、很大、非常大｝ 中取值，各属性值是有序关系。

定义 5.19 量化属性 量化属性是数值，并且值之间具有隐含的序关系。

如能源安全事件中持续时间属性是量化属性，持续时间（3 个月）和持续时间（4 个月）具有隐含的序关系，即对于能源安全事件持续时间（4 个月）比持续时间（3 个月）的影响要大。

5.3.2.2 静态离散化挖掘的多维关联规则挖掘方法

具有量化属性的多维关联规则需要在关联规则挖掘前进行静态离散化处理。本书采用预定义的概念分层对量化属性进行静态离散化，可以采用区间值的方式进行分层。

如能源安全事件中波及范围属性是量化属性，可以按波及省的数量区间进行静态离散化。将我国省的数量按 $R_a =$（0, 5]，$R_b =$（5, 10]，$R_c =$（10, 15]，$R_d =$（15, 20]，$R_e =$（20, 25]，$R_f =$（25, 31] 六个区间范围对该量化属性进行静态离散化。例如，当波及范围属性数值为 12 时，通过静态离散化方法，波及范围取值为 R_c。

通过静态离散化处理之后，把量化属性转化为关系数据中可识别的离散属性。如果任务相关的数据存放在关系表中，则通过 Apriori 算法挖掘多个属性中所隐藏的关联规则。和经典 Apriori 算法的最大区别为，在多维关联规则挖掘中，Apriori 算法搜索的是频繁谓词，而不是频繁项集。基于静态离散化挖掘的多维关联规则挖掘法的原理和基本流程和经典 Apriori 算法基本一样，本书不再赘述。

5.4 区域能源安全外生警源隐含特性挖掘实例应用

5.4.1 区域能源安全外生警源特征属性

通过对"煤荒""油荒""电荒"和"气荒"等区域能源安全事件的收集，对比分析了各类能源安全外生警源的形成机理，并依据相关文献的研究，抽取了各类能源安全外生警源共性特征，并将外生警源特征属性分为描述性属性和状态属性，见图 5-5。

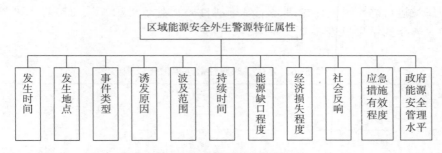

图 5-5　区域能源安全外生警源指标

5.4.2　外生警源特征属性静态离散化处理

由于区域能源安全外生警源属性具有多维度特点，用经典的单维规则方法无法进行隐含特性的挖掘。因此，首先通过咨询能源安全领域的专家、参考等级划分的相关文献资料，并对区域能源安全外生警源的形成机理、影响程度进行深入分析，对状态属性进行量化静态离散化处理，将多维外生警源特征属性转化为事务项，具体如表 5-6 所示。

在表 5-6 中，发生时间、发生地点、事件类型、诱发原因为无序关系的分类属性，该类属性概念分层方法依据的是分类属性的常识。能源缺口程度、经济损失程度、社会反映为有序关系的分类属性，该类属性概念分层方法依据是定性指标的七级标度法。波及范围、持续时间为量化属性，该类属性概念分层方法依据的区间值方式。

5.4.3　外生警源隐含特征挖掘实例应用

5.4.3.1　数据获取及预处理

通过相关文献查阅、网站资料搜索、专家访谈和实地调研等方式，获取了近年来我国各地区发生的区域能源安全外生警源事件信息。经过数据提取、分析和预处理，构建了区域能源安全外生警源事务数据库。把表 5-6 中的 5 个典型外生警源案例作为事务，通过对 5 个事务中隐含的规则进行挖掘来说明多维关联规则方法的应用过程和验证方法的可行性。

从表5-6可知，事务由多维属性来描述，即由多个谓词构成规则，因此利用多维关联规则方法来挖掘隐含在事务中的规律。首先，利用表5-6对事务的特征属性进行静态离散化处理，把多维属性转化为事务项，从而构建了事务数据库，转化的结果见表5-7。

表5-6　外生警源属性静态离散化处理

属性	区间划分及符号命名						
发生时间	T_a	T_b	T_c	T_d	—	—	—
	春季	夏季	秋季	冬季			
发生地点	P_a	P_b	P_c	P_d	P_e	P_f	P_g
	华北地区	华东地区	华中地区	华南地区	东北地区	西南地区	西北地区
事件类型	I_a	I_b	I_c	I_d			
	石油安全事件	煤炭安全事件	天然气安全事件	电力安全事件			
诱发原因	C_a	C_b	C_c	C_d	C_e	C_f	C_g
	能源价格变化	能源供应量突变	能源政策调整	能源产量变化	自然灾害	突发事件	季节交替变化
波及范围（省）	R_a	R_b	R_c	R_d	R_e	R_f	—
	(0, 5]	(5, 10]	(10, 15]	(15, 20]	(20, 25]	(25, 31]	
持续时间（月）	D_a	D_b	D_c	D_d	D_e	D_f	
	(0, 1]	(1, 3]	(3, 5]	(5, 7]	(7, 9]	(9, 12]	
能源缺口程度	G_a	G_b	G_c	G_d	G_e	G_f	G_g
	非常小	很小	小	中等	大	很大	非常大
经济损失程度	L_a	L_b	L_c	L_d	L_e	L_f	L_g
	非常小	很小	小	中等	大	很大	非常大
社会反响	F_a	F_b	F_c	F_d	F_e	F_f	F_g
	非常小	很小	小	中等	大	很大	非常大

表 5-7 外生警源数据表

事件编号	E001	E002	E003	E004	E005
发生时间	2008.01	2009.11	2011.10	2012.11	2013.11
发生地点	上海、浙江、江苏、安徽、江西、河南、湖北、湖南、广东、广西、重庆、四川、贵州、云南、陕西、甘肃、青海、宁夏、新疆	武汉、西安、南京、杭州	四川、重庆、江苏、浙江、山东、河北、湖北	北京、河北、江苏、浙江、山东、湖北、湖南、陕西、内蒙古	北京、天津、河北、内蒙古、山西、陕西、四川、云南、贵州、重庆
事件类型	电力安全事件	天然气安全事件	石油安全事件	天然气安全事件	天然气安全事件
诱发原因	自然灾害	自然灾害	能源价格波动	季节交替变化	季节交替变化
波及范围（省）	19	4	7	9	10
持续时间（月）	1	0.5	2	2	2
能源缺口程度	非常大	中等	大	大	大
经济损失程度	非常大	中等	大	很大	很大
社会反响	非常大	中等	大	很大	很大

5.4.3.2 频繁项集的生成

为方便扫描事务信息表，假定事务中的项按属性的次序存放，事务数据库中有 5 个事务。设定最小支持度阈值 minsup＝60%，即支持度计数阈值为 3，图 5-6 给出了频繁项集的生成过程。

项集	支持度计数
T_d	5
P_a	3
P_b	4
P_c	4
P_f	3
P_g	4
I_c	3
R_b	3
D_b	3
G_e	3

扫描信息表，得到频繁1-项集 L_1

连接 L_1，得到频繁2-项集 L_2

项集	支持度计数	项集	支持度计数
$\{T_d, P_a\}$	3	$\{P_a, D_b\}$	3
$\{T_d, P_b\}$	4	$\{P_a, G_e\}$	3
$\{T_d, P_c\}$	4	$\{P_b, P_c\}$	4
$\{T_d, P_f\}$	3	$\{P_b, P_g\}$	3
$\{T_d, P_g\}$	4	$\{P_c, P_g\}$	3
$\{T_d, I_c\}$	3	$\{P_g, I_c\}$	3
$\{T_d, R_b\}$	3	$\{R_b, D_b\}$	3
$\{T_d, D_b\}$	3	$\{R_b, G_e\}$	3
$\{T_d, G_e\}$	3	$\{D_b, G_e\}$	3
$\{P_a, R_b\}$	3		

连接 L_2，得到频繁3-项集 L_3

项集	支持度计数
$\{T_d, P_a, R_b, D_b\}$	3
$\{T_d, P_a, R_b, G_e\}$	3
$\{T_d, P_a, D_b, G_e\}$	3
$\{T_d, P_b, P_c, P_g\}$	3
$\{T_d, R_b, D_b, G_e\}$	3
$\{P_a, R_b, D_b, G_e\}$	3

连接 L_3，得到频繁4-项集 L_4

项集	支持度计数	项集	支持度计数
$\{T_d, P_a, R_b\}$	3	$\{T_d, D_b, G_e\}$	3
$\{T_d, P_a, D_b\}$	3	$\{P_a, R_b, D_b\}$	3
$\{T_d, P_a, G_e\}$	3	$\{P_a, R_b, G_e\}$	3
$\{T_d, P_b, P_c\}$	3	$\{P_a, D_b, G_e\}$	3
$\{T_d, P_b, P_f\}$	3	$\{P_b, P_c, P_g\}$	3
$\{T_d, P_b, P_g\}$	3	$\{R_b, D_b, G_e\}$	3
$\{T_d, P_c, P_g\}$	3	$\{T_d, R_b, D_b\}$	3
$\{T_d, P_g, I_c\}$	3	$\{T_d, R_b, G_e\}$	3

连接 L_4，得到频繁5-项集 L_5

项集	支持度计数
$\{T_d, P_a, R_b, D_b, G_e\}$	3

图 5-6 频繁项集的生成

（1）在第一次迭代过程中，表 5-8 中的每个事务项都是候选集，扫描事务数据库，记录每个事务项在事务中出现的次数，把大于等于支持度计数阈值的事务项作为频繁 1-项集 L_1。

表 5-8　外生警源静态离散化信息表

事件编号	E001	E002	E003	E004	E005
相关信息	T_d, P_b, P_c, P_d, P_f, P_g, I_d, C_e, R_d, D_a, G_g, L_g, F_g	T_d, P_b, P_c, P_g, I_c, C_e, R_a, D_a, G_d, L_d, F_d	T_c, T_d, P_a, P_b, P_c, P_f, I_a, C_a, R_b, D_b, G_e, L_f, F_e	T_d, P_a, P_b, P_c, P_g, I_c, C_g, R_b, D_b, G_e, L_e, F_f	T_d, P_a, P_f, P_g, I_c, C_g, R_b, D_b, G_e, L_f, F_f

（2）为发现频繁 2-项集，执行连接 $L_1 \bowtie L_1$，得到频繁 2-项集的候选集，扫描事务数据库，记录每个候选项集出现的次数，把大于等于支持度计数阈值的候选项集作为频繁 2-项集 L_2。

（3）执行连接 $L_2 \bowtie L_2$，满足公式（5-4）的两个频繁 2-项集可连接得到频繁 3-项集候选集，如 $\{T_d, P_a\}$ 和 $\{T_d, P_b\}$ 满足条件，连接得到频繁 3-项集候选集 $\{T_d, P_a, P_b\}$。同时，要用剪枝步删除不可能的项集，如 $\{T_d, P_a\}$ 和 $\{T_d, I_c\}$ 连接时，$\{P_a, I_c\}$ 不属于频繁项集 L_2，因此，连接后的结果 $\{T_d, P_a, I_c\}$ 不可能是频繁 3-项集，要删除。得到频繁 3-项集的候选集后，扫描事务数据库，记录每个候选项集出现的次数，把大于等于支持度计数阈值的候选项集作为频繁 3-项集 L_3。同理，频繁 4-项集，频繁 5-项集都是按照步骤（3）的方法产生。

5.4.3.3　强关联规则的产生

得到频繁项集后，按照公式（5.5）来产生关联规则，设定最小可信度阈值 minconf＝100%。在外生警源数据频繁项集中共挖掘出 187 条规则，构成了规则集。本书从规则集中截取部分规则，并对规则进行了解读，具体如表 5-9 所示。

通过对挖掘出的规则集进行分析，系统归纳出了隐藏在区域能源安全外生警源 5 个典型案例中的共性特征：

表 5-9　部分关联规则及说明

规则编号	规则	可信度（%）	规则说明
规则 11	$\{P_a\} \Rightarrow \{D_b\}$	100	规则 11 表明华北地区能源安全外生警源爆发后要持续 1~3 个月
规则 16	$\{P_b\} \Rightarrow \{P_c\}$	100	规则 16 表明华东地区爆发的能源安全事件会蔓延到华中地区

续表

规则编号	规则	可信度（%）	规则说明
规则 47	$\{P_g, I_c\} \Rightarrow \{T_d\}$	100	规则 47 表明西北地区的天然气能源的外生警源多爆发在冬季
规则 75	$\{P_a, D_b\} \Rightarrow \{G_e\}$	100	规则 75 表明华北地区能源安全外生警源爆发时如果持续 1~3 个月，则能源缺口程度等级为大
规则 124	$\{P_b, P_c, P_g\} \Rightarrow \{T_d\}$	100	规则 124 表明华东地区、华中地区和西北地区能源安全外生警源同时爆发时多发生在冬季
规则 130	$\{T_d, P_c, P_g\} \Rightarrow \{P_b\}$	100	规则 130 表明华中地区和西北地区在冬季同时爆发能源安全外生警源事件，则华东地区也会发生能源安全事件
规则 156	$\{T_d, P_a, D_b, G_e\}$ $\Rightarrow \{R_b\}$	100	规则 156 表明华北地区能源安全外生警源在冬季爆发时如果持续时间为 1~3 个月，能源缺口程度为大，那么波及范围为 5~10 个地区

（1）区域能源安全外生警源的衍化性。不论何种性质和规模的区域能源安全外生警源爆发，均会在短时间内不同程度地蔓延到其他地区，滋生出更严重、更广泛的能源安全事件。通过对区域能源安全外生警源规则集分析可知，187条规则中共有 12 条规则支持衍化特性，如规则 16，华东地区爆发的能源安全事件会蔓延到华中地区。基于此类衍化特征分析结果，有助于缩减外生警源诱发的区域能源安全事件的波及范围，因为当某一地区外生警源爆发后，预警信号就会传递到相邻地区，使其快速作出有效的能源安全预警方案，以此降低能源安全风险发生的概率或程度。

（2）区域能源安全外生警源的季节性。基于对挖掘出的规则集进行归纳分析可知，区域能源安全外生警源表现出较强的季节性，多数区域能源安全事件爆发在冬季，187 条规则中共有 124 条规则支持此类时间特性，如规则 47 和规则 124 等。其主要原因在于：在季节交替变化时，多数地区冬季对能源的需求量骤增，加之冬季雪灾等突发事件发生频率较高，这会在一定程度上影响能源的生产及供应。基于此类季节性特征表现，有利于各地区根据季节性变化规律，在特定时期做好能源储备，并对季节性因素诱发的突发能源事件进行实时预警，降低区域能源缺口风险发生的概率。

（3）区域能源安全外生警源的危害性。基于对挖掘出的规则集分析可知，区域能源安全外生警源爆发后，所诱发的能源缺口的危害程度等级为大，187

条规则中共有 26 条规则支持外生警源的危害特性，如规则 75。其原因在于能源作为区域经济发展的主要基石，一旦出现缺口，势必会对地区生产及生活产生不利影响，进而阻碍地区的经济发展。基于此类危害性特征表现，有助于警示各地区在外生警源爆发后，努力通过各种途径积极调配能源，缩减能源缺口，以此降低外生警源爆发所带来的危害程度。

（4）区域能源安全外生警源的持续性。区域能源安全外生警源爆发后，一般持续的时间较长，分析规则集可知，外生警源爆发后持续的时间一般为 1~3 个月，187 条规则中共有 20 条规则支持持续特性，如规则 11。基于对此类持续性特征的分析，有利于警示各地区提早做好打持久战的预案，一旦在外生警源爆发后，可以有效应对外生警源持久性所带来的不利影响。

5.4.3.4　在大规模数据中的应用效果

为验证多维关联规则挖掘算法在大量数据中的应用效果，本书收集了 1999~2018 年发生的 72 个区域能源安全外生警源事件，并对外生警源事件进行数据提取、分析和预处理，构建了区域能源安全外生警源事务数据库。利用多维关联规则挖掘算法进行了规则挖掘，挖掘结果见图 5-7。从图 5-7 可知，在区域能源安全外生警源事件数量较大时，多维关联规则挖掘算法是可行的，最小支持度的设定决定了挖掘出的关联规则数，随着最小支持度的增加，挖掘出的关联规则数逐渐减少。

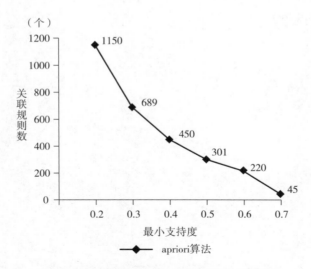

图 5-7　多维关联规则在大量数据中的应用

5.5 本章小结

　　通过对区域能源安全外生警源基本理论与多维规则挖掘方法的研究，对隐含在外生警源案例中的规律进行了分析，得到以下结论：设计了外生警源多维规则挖掘方法，对外生警源的特征属性进行了划分，将外生警源多维属性转化为事务项。在此基础上，提出了频繁项集和强关联规则的生成方法。从外生警源案例集中截取了 5 个典型案例来验证多维关联规则方法的可行性，挖掘结果证明该方法是可行的，发现了隐藏在外生警源中的规律。由于区域能源安全外生警源事件具有突发性、复杂性等特点，因此，以下尚待解决的问题是今后研究重点：一是在外生警源数据中挖掘出的规则较多，以后重点应放在如何剪枝上；二是规则的解读效率较低，需要增加领域知识来加强对案例的理解。

第 6 章
基于 FI-GA-NN 融合的区域能源安全
外生警源等级识别研究

6.1 区域能源安全外生警源等级识别模型框架

6.1.1 问题描述

近年来不断频发的区域能源安全突发事件已对中国各地区的经济发展和社会稳定造成了严重影响。如 2005 年夏季，由于天气变化和受原油价格波动等因素的影响，珠三角地区连续出现不同程度的"油荒"，继而引发全国范围内成品油供应紧张的局面；2008 年初，由于暴雪引发的自然灾害严重影响了电网运行，全国 19 个省出现了大范围拉闸停电；2011 年以来，重庆地区因贵州和四川等煤炭能源产地突然对煤炭外销和运输实行严格控制，致使电煤出现供应紧张；2013 年 11 月，中国华北和西南地区 10 余省突然出现了大规模"气荒"。诱发这些事件的源头多是由能源系统外部因素的突然变化所致。然而，目前中国区域能源安全的预警体系尚无法对其外生警源所诱发的区域能源安全事件进行有效识别，从而造成了区域能源供需缺口现象频现。因此，在这种环境背景下，如何从区域能源安全外部性视角出发，探索研究区域能源安全外生警源识别问题已成为中国各地区亟待解决的核心问题之一。

目前在区域能源安全预警体系研究成果中，多集中于从宏观整体层面来研究能源安全预警问题，尚未对诱发能源安全问题的各类警源要素进行有效区分。Vlado V.（2010）建立了一种基于新的和扩大概念化的能源安全评估工具，充分考虑了每个国家或地区的能源安全和政策的定量和定性属性，从 11 类维度对能源安全进行测评，其中既包括传统能源安全的关注要素，也包含新的因素

（环境、社会文化和技术）。Andreas L. 等（2009）则对能源安全指标体系的构成进行了深入探讨，认为衡量能源安全指标包括预测性指标和结果指标两大类。刘立涛等（2011，2012）系统地构建了中国区域能源安全评价指标体系，并选取广东与陕西作为能源输入与输出区代表，对两省能源安全展开实证分析。赵春富等（2015）建议从供应链的角度出发，考虑能源系统内部各因素及与外部因素的相互作用，构建链式的预警体系。范秋芳（2007）则通过对特定能源安全预警问题分析，基于 BP 神经网络的基本原理，构建了石油安全监测预警方法与模型，并开展了实证应用分析。苏飞等（2008）在构建区域能源安全脆弱性评估模型及其评价指标体系的基础上，对中国 30 个地区的常规能源安全供给脆弱性进行了定量评估。张强（2011）利用综合集成复杂系统问题研究方法，构建了能源安全预警系统，并详细给出了系统的设计和实现方法。而周德群等（2013）则采用 Hilbert-huang 变换的方法构造石油价格波动预警分量，以此来对历次石油价格波动过程展开预警分级研究。郭玲玲（2015）运用系统动力学理论构建中国能源安全的系统动力学模型，模拟得到三种中国能源安全系统的发展模式。然而，与区域能源安全外生警源相关的研究成果较少，仅有学者迟春洁（2011）提出了能源安全外生警源的概念，而魏一鸣等（2012）在阐述区域能源安全事件的基础上，着重分析了诱发区域能源安全事件的关键因素。

通过对上述文献资料的梳理可知，现有的区域能源安全预警体系尚未对诱发区域能源安全事件的根源要素进行分类研究，并对区域能源安全根源要素进行有效识别。因此，本章结合前文的外生警源的研究视角，以及外生警源案例特点和隐藏在案例中的规律特性，从区域能源安全外生警源案例中抽取了外生警源的属性，并构建外生警源数据集。结合外生警源数据集的特点，利用模糊积分、遗传算法和神经网络等方法相融合，设计了区域能源安全外生警源的 FI-GA-NN 等级识别模型，并对外生警源的等级识别进行了应用研究。

6.1.2 外生警源的特征属性

通过对"煤荒""油荒""电荒"和"气荒"等区域能源安全事件案例的收集，对比分析了各类区域能源安全外生警源的形成机理，并依据相关文献的研究，抽取了各类区域能源安全外生警源的共性特征，具体见图 5-5。其中，发生时间、发生地点、事件类型、诱发原因等属性为语言属性和类别属性，在能源安全外生警源的分级预警中并不发挥作用。因此，本章仅将其作为预警结果与实际情况的比对分析，而波及范围、持续时间、能源缺口程度、经济损失程度、社会反响、应急措施有效程度、能源政策管理水平等属性作为等级识别指标。

6.1.2.1　能源安全事件的波及范围

能源安全事件的波及范围是指能源安全突发事件所影响的地理空间范围，一般可用辐射区域半径指标刻画。辐射区域半径是指能源安全在突发事件持续过程中，引发的其他地区出现能源缺口的地区总数，反映能源安全突发事件对沿线波及的空间范围。

6.1.2.2　能源安全事件的持续时间

能源安全事件的持续时间主要是从时间维度上反映事件的影响范围，影响范围与事件持续时间的长短成正比关系。综合考虑能源安全事件的发生及处置特点，本书将能源安全事件的持续时间分为响应时间、处置时间和消散时间三类，对能源安全事件的时间从爆发到消散的整体时间进行测算。

6.1.2.3　能源安全事件造成的能源缺口程度

能源缺口是指能源供给小于需求而造成的能源短缺差额。能源安全事件造成能源缺口则是从造成能源缺口的各类诱因进行解析，由特定的能源安全突发事件的发生，而造成部分区域的能源供给出现供不应求的状态，进而产生能源缺口，缺口的程度大小主要取决于突发事件本身的波及时间和波及范围。如2017 年 11 月，随着我国能源产业结构调整及环境治理的要求，北京、天津、河北、山西、内蒙古、河南等近 20 个省市，"2+26 城市"冬季取暖全面禁煤，正式开始实施煤改气工程，这一个举措的实施导致各地出现天然气供应的极度紧张状态，仅河南省郑州市一个地区每天就面临近百万立方的天然气缺口，这种天然气断供、告急的不再只是北方，"气荒"的危机还在持续发酵，并蔓延到长江中下游省市，同年 12 月安徽淮南多处加气站闹"气荒"，武汉近 300 家娱乐、工商业和机关事业单位遭遇天然气全线停供，其原因在于为了填补北方巨大的天然气缺口，南气正在加快北上支援的步伐。

6.1.2.4　能源安全事件发生的时间规律

通过对我国能源安全突发事件分析发现，能源安全事件的爆发表现出一定的时间规律性，通常爆发于能源消耗量增速较快的夏季和冬季，特别是在全球气候变化加剧的大环境背景下，能源安全突发时间在这两个季节的爆发频次和可能性增大。

6.1.2.5　能源安全事件发生的地理区域集中度

通过对我国能源安全突发事件解析可知，能源安全事件爆发的地区主要集中于经济和第二产业较为发达的地区或是人口密度较大的地区，由于这类地区能源消耗总量较大，在能源安全的外生警源的作用下，爆发的能源安全事件造成的能源缺口比其他地区更为突出，因而能源安全事件波及的速度会加快。

6.1.2.6 能源安全事件类型

通过对能源安全突发事件案例分析可知，当前我国发生的能源安全事件类型主要表现为传统不可再生能源的能源缺口诱发的能源"四荒"，即石油对外依存度较高造成的"油荒"、天然气开采技术未实现有效供给造成的"气荒"、替代能源技术落后造成电力供应不足引发的"电荒"、煤炭开采受限导致的"煤荒"。

6.1.2.7 能源安全事件的诱发原因

通过对现有能源安全事件的爆发原因分析可知，诱发能源安全问题的原因主要有五个：一是能源需求的持续增长对能源供给形成很大压力。我国正处于工业化、城镇化进程加快的时期，能源消费强度较高。随着经济规模进一步扩大，能源需求还会持续较快地增加，对能源供给形成很大压力，供求矛盾将长期存在，石油、天然气的对外依存度将进一步提高。二是资源相对短缺制约了能源产业发展。我国的能源资源总量不小，但人均拥有量较低。资源勘探相对滞后，影响了能源生产能力的提高。同时，我国能源资源分布很不平衡，大规模、长距离地运输煤炭，导致运力紧张、成本提高，影响了能源工业的协调发展。三是以煤为主的能源结构不利于环境保护。煤炭是我国的基础能源，富煤、少气、贫油的能源结构较难改变。我国煤炭清洁利用水平低，煤炭燃烧产生的污染多。这种状况持续下去，将会给生态环境带来更大压力。四是能源技术相对落后，影响了能源供给能力的提高。我国的能源技术虽然已经取得较大进步，但与发展的要求相比还有较大差距，可再生能源、清洁能源、替代能源等技术的开发相对滞后，节能降耗、污染治理等技术的应用还不广泛，一些重大能源技术装备自主设计制造水平还不高。五是国际能源市场变化对我国能源供应的影响较大。我国石油、天然气资源相对不足，需要在立足国内生产保障供给的同时，扩大国际能源合作，但目前全球能源供需平衡关系脆弱，石油市场波动频繁，国际油价高位震荡，各种非经济因素也影响着能源的国际合作。

6.1.2.8 能源安全事件的经济损失程度

能源安全事件造成的经济损失程度主要是通过能源投入与经济产出的经济学模型来测量的，其主要反映的是在能源安全突发事件的时间周期内，能源供应短缺所导致的宏观经济损失的总额，通过经济学模型分别对我国煤炭、石油、核能、水电等能源供应短缺的情景下的宏观经济的损失进行了测算。

6.1.2.9 能源安全事件的社会反响

能源安全事件的社会反响主要用于衡量在能源安全事件爆发后，各类公众（政府公众、媒介公众、一般公众）对该事件的社会舆论程度，能源安全事件的社会反响程度越大，其波及的速度就会越快，越容易引起周边地区民众的恐慌情绪，进而给社会发展带来一定的不稳定因素。

6.1.2.10　能源安全事件的应急措施有效程度

能源安全事件爆发具有一定的突发性，相关管理部门的应急措施是否有效直接决定了能源安全事件造成的各类后果（波及速度、波及范围、持续时间、造成的经济损失和社会反响）。能源安全事件应急措施的有效程度主要取决于所采取的应急预案的完整性、可操作性、有效性，处置的快速性、灵活性以及费用的合理性。

6.1.2.11　政府能源安全管理水平

政府能源安全管理水平主要是从政策机制上引导企业加强能源管理，从能源审计角度出发，建立奖惩机制来降低能源安全事件爆发的可能性。衡量政府能源安全管理水平主要从以下两方面加以度量：一是是否具有完备的能源管理法律体系以促进各种力量参与能源管理；二是是否制定了完善的能源管理政策与制度（包括补贴政策、价格政策和优惠贷款政策等），引导企业加强能源安全管理。

6.1.3　区域能源安全外生警源的等级识别

针对区域能源安全外生警源预警指标的不同特点，通过德尔菲法，咨询能源安全领域的专家进行能源安全外生警源等级识别预判，融合能源安全警源参考等级划分的相关文献资料，并对现实区域能源安全外生警源的形成机理、影响程度进行深入分析，把各类预警指标的等级识别由高到低划分为 5 个等级，其中波及范围和持续时间等数值属性用数值区间来代表等级，其余定量属性用模糊语言值来表示等级，具体如表 6-1 所示。

表 6-1　区域能源安全外生警源指标等级

属性	等级 1	等级 2	等级 3	等级 4	等级 5
波及范围（省）	(0, 2]	(2, 5]	(5, 10]	(10, 15]	(15, 31]
持续时间（月）	(0, 1]	(1, 2]	(2, 3]	(3, 6]	(6, 12]
能源缺口程度	很小	较小	一般	较大	大
经济损失程度	很小	较小	一般	较大	大
社会反响	很小	较小	一般	较大	大

属性	等级 1	等级 2	等级 3	等级 4	等级 5
应急措施有效程度	好	较好	一般	较差	差
政府能源安全管理水平	高	较高	一般	较低	低
能源安全外生警源等级	$(0, 0.2]$	$(0.2, 0.4]$	$(0.4, 0.6]$	$(0.6, 0.8]$	$(0.8, 1]$

6.2　模糊积分方法

6.2.1　重视度及 λ 值的设定

6.2.1.1　传统模糊测度确定方法及其局限性

定义 6.1　若模糊测度 g 满足以下附加性质:

若 $A \cap B = \phi$, 则 $g(A \cup B) = g(A) + g(B) + \lambda g(A)g(B)$, 其中 $\lambda \in [-1, \infty)$。则称 g 为 λ 模糊测或 g_λ 测度。

若 $X = \{x_1, \cdots, x_n\}$ 为有限集合, 且各变量 x_i 的模糊密度函数为 $g(x_i)$, 则 g_λ 可以写成下式:

$$g_\lambda(\{x_1, \cdots, x_n\}) = \sum_{i=1}^{n} g(x_i) + \lambda \sum_{i1=1}^{n-1} \sum_{i2=i1+1}^{n} g(x_{i1})g(x_{i2}) + \cdots +$$
$$\lambda^{n-1} g(x_1)g(x_2), \cdots, g(x_n)$$
$$= \frac{1}{\lambda} \left| \prod_{i=1}^{n}(1 + \lambda g(x_i)) - 1 \right| \quad \lambda \in [-1, \infty), \lambda \neq 0$$

$$(6-1)$$

模糊积分是定义在模糊测度基础上的一种非线性函数, 模糊积分方式很多, 目前使用最广泛的是 Choquet 积分。

定义 6.2　假设问题在不失去一般性状况下, $f(x_1) \geqslant \cdots \geqslant f(x_i) \geqslant \cdots \geqslant f(x_n)$, 则 f 的模糊测度 g 在 X 上的 Choquet 模糊积分为:

$$\int f \mathrm{d}g = f(x_n)g(X_n) + [f(x_{n-1}) - f(x_n)]g(X_{n-1}) + \cdots + [f(x_1) - f(x_2)]g(X_1)$$

$$(6-2)$$

传统模糊测度确定方法存在的局限性具体表现为：第一，一般模糊测度的确定较为困难，特别是包含多指标的集合的模糊测度，因为它需要参加决策的专家将某种经验数量化，且所需的数据量过于庞大；第二，尽管可以利用 λ 模糊测度代替一般模糊测度，减少在数据收集过程中的难度，但用这种方法计算 λ 值时，仅考虑了决策指标的模糊密度值，而忽略了其他模糊测度值，即指标间的相互作用关系，因此求出的解较为粗糙；第三，虽然 λ 模糊测度也可由专家给出或其他方法人为直接确定，但有时会出现不能满足模糊测度应该具有的数学特性（如单调性、连续性等）的情况，因此可通过优化计算从由专家给出的模糊测度得到符合定义要求的模糊测度，但用这种方法计算 λ 模糊测度值，需要由专家给出初始模糊测度，即指标集合模糊测度，这在实际中是非常困难的。

6.2.1.2　一种 λ 模糊测度确定新准则

根据上述分析，将现有的 λ 模糊测度的确定方法应用在实际决策问题中还存在一定的局限性。因此本章重点讨论在决策问题中 λ 模糊测度的确定方法，得到一种 λ 模糊测度确定的新准则，在此基础上提出一种改进的模糊积分决策方法。

（1）λ 值和决策指标的重视度的确定。在多属性决策问题的研究中，有一大类是通过决策方法进行排序来研究能源管理人员的选拔、方案和企业的挑选问题。为便于研究，本章构造了一个具有通用性决策问题的算例，即从思想道德素质、身心健康素质、能力素质、人文素质和专业素质 5 个方面对 8 名候选人才的综合素质进行考核，并从中选取最优。下面通过实例研究专家打分确定 λ 值和决策指标的重视度（模糊密度）所遵循的原则以及通过打分确定 λ 值与决策指标的重视度来实现决策者的各种要求和目的的方法。

【例 6.1】　　　　　　　　　**模糊积分决策的算例**

5 个决策指标为 x_1、x_2、x_3、x_4、x_5，8 名待决策对象为 S_1、S_2、S_3、S_4、S_5、S_6、S_7 和 S_8，标准化处理后的各项指标值见表 6-2（原始数据来源于人才储备库的统计资料）。候选人 S_1 的各项指标值高且差异小，其平均值排名第一。S_2、S_3、S_4、S_5 与 S_6 的各项指标值中均有一项指标值表现突出的，且 5 人平均值相同，并列第二。S_7 表现一般，各项指标值差异较小，但与 S_2、S_3、S_4、S_5、S_6 的平均值相同，和前述五人同处在第二位。S_8 的各项指标值差异小，但平均值较低，排名最后。

表 6-2　决策指标值

决策对象	x_1	x_2	x_3	x_4	x_5	平均值	名次
S_1	0.81	0.8	0.83	0.84	0.82	0.82	1
S_2	0.9	0.78	0.68	0.75	0.83	0.788	2
S_3	0.75	0.9	0.83	0.78	0.68	0.788	2
S_4	0.68	0.75	0.78	0.83	0.9	0.788	2
S_5	0.83	0.68	0.75	0.9	0.78	0.788	2
S_6	0.78	0.83	0.9	0.68	0.75	0.788	2
S_7	0.76	0.78	0.79	0.8	0.81	0.788	2
S_8	0.72	0.75	0.73	0.74	0.71	0.73	8

S_4 的标准化后的决策指标值 $f(x_1) = 0.68$；$f(x_2) = 0.75$；$f(x_3) = 0.78$；$f(x_4) = 0.83$；$f(x_5) = 0.9$。决策指标的重视度（模糊密度）分别为 $g_1 = 0.6$，$g_2 = 0.6$，$g_3 = 0.6$，$g_4 = 0.8$，$g_5 = 0.8$。

步骤 1：将 $f(x_i)$（$i = 1, 2, \cdots, 5$）按照大小顺序排列 $f(x_5) > f(x_4) > f(x_3) > f(x_2) > f(x_1)$。

步骤 2：设 $\lambda = -0.99$，则利用公式（6-1）求得模糊测度如下：$g_\lambda(x_5) = 0.8$，$g_\lambda(x_5, x_4) = 0.9664$，$g_\lambda(x_5, x_4, x_3) = 0.9924$，$g_\lambda(x_5, x_4, x_3, x_2) = 1.0029$，$g_\lambda(x_5, x_4, x_3, x_2, x_1) = 1.0072$。

将上面求得的模糊测度进行归一化处理，即 $g_\lambda(x_5, x_4, x_3, x_2, x_1)$ 除 $g_\lambda(x_5, x_4, \cdots, x_i)$（$i = 1, 2, \cdots, 5$）；$g'_\lambda(x_5) = 0.7943$，$g'_\lambda(x_5, x_4) = 0.9595$，$g'_\lambda(x_5, x_4, x_3) = 0.9853$，$g'_\lambda(x_5, x_4, x_3, x_2) = 0.9957$，$g'_\lambda(x_5, x_4, x_3, x_2, x_1) = 1$。

步骤 3：使用模糊积分公式（6-2）计算 S_4 的综合决策值：

$$\int f dg = f(x_1)g'_\lambda(x_5, x_4, x_3, x_2, x_1) + [f(x_2) - f(x_1)]\, g'_\lambda(x_5, x_4, x_3, x_2) +$$

$$[f(x_3) - f(x_2)]\, g'_\lambda(x_5, x_4, x_3) + [f(x_4) - f(x_3)]\, g'_\lambda(x_5, x_4) +$$

$$[f(x_5) - f(x_4)]\, g'_\lambda(x_5) = 0.883$$

为探讨重视度（模糊密度）与 λ 值对决策结果的影响，利用模糊积分计算综合决策值时，参照表 6-3 的重视度，将打分尺度分为下面三种不同的重视度：

表 6-3　指标重视度的打分尺度表

极不重要	0.1	稍微重要	0.6
非常不重要	0.2	很重要	0.7
很不重要	0.3	非常重要	0.8
稍不重要	0.4	极重要	0.9
普通	0.5		

第一种重视度假设为 0.6、0.6、0.6、0.6、0.6，表示决策者同等重视各项决策指标的表现；第二种重视度假设为 0.6、0.6、0.6、0.6、0.8，指标 x_5 的重视度为 0.8、表示决策者特别注重 x_5 这个指标的表现；第三种重视度假设为 0.6、0.6、0.6、0.8、0.8，指标 x_4 和 x_5 的重视度均为 0.8，表示决策者特别注重这两项指标的表现。

用这三种重视度计算时，分别假设 $\lambda = -0.99$，$\lambda = -0.5$，$\lambda = -0.1$，$\lambda = 0$，$\lambda = 0.5$。

利用上面介绍的模糊积分决策方法进行综合计算，得到在不同重视度和 λ 值假设条件下多决策结果及其排名次序。具体数据见表 6-4、表 6-5 和表 6-6。

表 6-4　在第一种重视度条件下的决策结果

决策对象	第一种重视度 (0.6, 0.6, 0.6, 0.6, 0.6)									
	$\lambda = -0.99$		$\lambda = -0.5$		$\lambda = -0.1$		$\lambda = 0$		$\lambda = 0.5$	
	决策值	名次	决策值	名次	决策值	名次	决策值	名次	决策值	名次
S_1	0.8337	2	0.8268	1	0.8212	1	0.82	1	0.8149	1
S_2	0.8614	1	0.8235	2	0.7944	2	0.788	2	0.7616	3
S_3	0.8614	1	0.8235	2	0.7944	2	0.788	2	0.7616	3
S_4	0.8614	1	0.8235	2	0.7944	2	0.788	2	0.7616	3
S_5	0.8614	1	0.8235	2	0.7944	2	0.788	2	0.7616	3
S_6	0.8614	1	0.8235	2	0.7944	2	0.788	2	0.7616	3
S_7	0.8036	3	0.7959	3	0.7895	3	0.788	2	0.7817	2
S_8	0.7437	4	0.7368	4	0.7312	4	0.73	3	0.7249	4

表 6-5　在第二种重视度条件下的决策结果

决策对象	第二种重视度（0.6, 0.6, 0.6, 0.6, 0.8)									
	$\lambda=-0.99$		$\lambda=-0.5$		$\lambda=-0.1$		$\lambda=0$		$\lambda=0.5$	
	决策值	名次	决策值	名次	决策值	名次	决策值	名次	决策值	名次
S_1	0.834	6	0.827	3	0.8213	1	0.82	1	0.8148	1
S_2	0.8664	2	0.8281	2	0.7974	3	0.7906	3	0.7628	4
S_3	0.8604	5	0.8195	6	0.7881	7	0.7813	7	0.7538	7
S_4	0.8803	1	0.8363	1	0.8024	2	0.795	2	0.7651	3
S_5	0.8624	3	0.824	4	0.7941	4	0.7875	5	0.7606	5
S_6	0.8614	4	0.8223	5	0.7922	5	0.7856	6	0.7589	6
S_7	0.8067	7	0.7983	7	0.791	6	0.7894	4	0.7825	2
S_8	0.7435	8	0.736	8	0.7301	8	0.7288	8	0.7235	8

表 6-6　在第三种重视度条件下的决策结果

决策对象	第三种重视度（0.6, 0.6, 0.6, 0.8, 0.8)									
	$\lambda=-0.99$		$\lambda=-0.5$		$\lambda=-0.1$		$\lambda=0$		$\lambda=0.5$	
	决策值	名次	决策值	名次	决策值	名次	决策值	名次	决策值	名次
S_1	0.8369	6	0.8291	3	0.8226	1	0.8212	1	0.8154	1
S_2	0.8664	3	0.827	4	0.7952	4	0.7882	5	0.7601	5
S_3	0.8619	4	0.8206	5	0.7882	6	0.7812	6	0.7531	6
S_4	0.8828	1	0.8398	1	0.8048	2	0.7971	2	0.766	3
S_5	0.8808	2	0.8364	2	0.8017	3	0.7941	3	0.7639	4
S_6	0.8609	5	0.819	6	0.7864	7	0.7794	7	0.7516	7
S_7	0.8073	7	0.7992	7	0.7917	5	0.79	4	0.7828	2
S_8	0.7447	8	0.7372	8	0.7308	8	0.7294	8	0.7238	8

（2）决策结果的分析。下面对表 6-4、表 6-5 和表 6-6 中决策对象的决策结果和名次变化情况进行讨论和分析，从决策结果可得名次整体变化如下：

第一，不论 λ 值如何改变，在同样重视各项决策指标表现的第一种重视度中，候选人 S_2、S_3、S_4、S_5 与 S_6 的名次均相等；在特别注重 x_5 这一指标表现的第二种重视度中，S_2、S_3、S_4、S_5 与 S_6 均有一项表现特别突出且平均值相同，名次始终保持 $S_4 < S_2 < S_5 < S_6 < S_3$ 的顺序；在特别重视 x_4 和 x_5 两项指标表现的第三种重视度中，S_2、S_3、S_4、S_5 与 S_6 均有两项表现特别突出且平均值相同，名次始终保持 $S_4 < S_5 < S_2 < S_3 < S_6$。

第二，各项决策值差异小的 S_1、S_7、S_8 在重视度及 λ 值改变后，名次保持着 $S_1 < S_7 < S_8$ 的顺序。

第三，提高其中某一项或两项决策指标的重视度，此项决策指标值比较优秀者的排名会因此而提高。

第四，λ 值的变化会引起排名次序的变化。

（3）λ 值对排名次序的影响分析。下面重点对 λ 值对排名次序的影响进行详细的讨论。

第一类情况：在第一种重视度条件下（各项决策指标有相同的重视度）（见表6-7）。

表 6-7　在第一种重视度条件下的排名次序

决策对象	第一重视度（0.6, 0.6, 0.6, 0.6, 0.6）								
	$\lambda = -0.99$	$\lambda = -0.9$	$\lambda = -0.8$	$\lambda = -0.5$	$\lambda = -0.2$	$\lambda = -0.1$	$\lambda = 0$	$\lambda = 0.2$	$\lambda = 0.5$
S_1	2	2	2	1	1	1	1	1	1
S_2	1	1	1	2	2	2	2	3	3
S_3	1	1	1	2	2	2	2	3	3
S_4	1	1	1	2	2	2	2	3	3
S_5	1	1	1	2	2	2	2	3	3
S_6	1	1	1	2	2	2	2	3	3
S_7	3	3	3	3	3	3	2	2	2
S_8	4	4	4	4	4	4	3	4	4

当 $\lambda = 0$ 时，即用线性加权法进行决策时，名次是按 $S_1 < S_2 = S_3 = S_4 = S_5 = S_6 = S_7 < S_8$ 的顺序排列。

当 $\lambda = -0.99$、$\lambda = -0.9$、$\lambda = -0.8$ 时，名次是按 $S_2 = S_3 = S_4 = S_5 = S_6 < S_1 < S_7 < S_8$ 的顺序排列，各项决策指标中有任一项指标值表现优异的 S_2、S_3、S_4、S_5 与 S_6 的决策值超过比它们平均值高而各项决策指标值差异较小的 S_1，获得较高的名次。同时，S_2、S_3、S_4、S_5 与 S_6 的决策值超过和它们平均值相等而各项决策

指标值差异较小的 S_7，名次提高。因此，各项决策指标设定相等的重视度，并令 λ 值为趋近于−1，会突出各项决策指标中有任一项指标值表现优异的决策对象。

当 $\lambda = -0.5$、$\lambda = -0.2$、$\lambda = -0.1$ 时，名次是按 $S_1 < S_2 = S_3 = S_4 = S_5 = S_6 = S_7 < S_8$ 的顺序排列，各项决策指标值差异较小的 S_1 的名次优于比它平均值低而各项决策指标中有任一项决策值表现优异的 S_2、S_3、S_4、S_5 与 S_6；各项决策指标中有任一项指标值表现优异的 S_2、S_3、S_4、S_5 与 S_6 的名次优于和它们平均值相等而各项决策指标值差异较小的 S_7。因此各项决策指标设定相等的重视度，令 $\lambda < 0$ 且 λ 值为趋近于 0 时，会突出各项决策指标表现整齐和各项决策指标中有任一项指标值表现优异的决策对象。

当 $\lambda = 0.2$、$\lambda = 0.5$ 时，名次是按 $S_1 < S_7 < S_2 = S_3 = S_4 = S_5 = S_6 < S_8$ 的顺序排列。各项决策指标值差异较小的 S_1 的名次优于比它平均值低而各项决策指标中有任一项决策值表现优异的 S_2、S_3、S_4、S_5 与 S_6；各项决策指标值差异较小的 S_7 是在平均值相同的决策对象中名次最好的。因此各项决策指标设定相等的重视度，令 $\lambda > 0$，会突出各项决策指标表现整齐的决策对象。

第二类情况：在第二种重视度条件下（x_5 的重视度高于其他决策指标的重视度）（见表6-8）。

只单独考虑 x_5 的决策指标值，候选人的名次是按 $S_4 < S_2 < S_1 < S_7 < S_5 < S_6 < S_8 < S_3$ 的顺序排列。

表6-8　在第二种重视度条件下的排名次序

决策对象	第二种重视度（0.6，0.6，0.6，0.6，0.8）									
	$\lambda = -0.99$	$\lambda = -0.9$	$\lambda = -0.8$	$\lambda = -0.5$	$\lambda = -0.4$	$\lambda = -0.2$	$\lambda = -0.1$	$\lambda = 0$	$\lambda = 0.2$	$\lambda = 0.5$
S_1	6	6	6	3	2	1	1	1	1	1
S_2	2	2	2	2	3	3	3	3	4	4
S_3	5	5	5	6	6	6	7	7	7	7
S_4	1	1	1	1	1	2	2	2	3	3
S_5	3	3	3	4	4	4	4	5	5	5
S_6	4	4	4	5	5	5	5	6	6	6
S_7	7	7	7	7	7	7	6	4	2	2
S_8	8	8	8	8	8	8	8	8	8	8

当 $\lambda = -0.99$、$\lambda = -0.9$、$\lambda = -0.8$ 时，名次是按 $S_4 < S_2 < S_5 < S_6 < S_3 < S_1 < S_7 <$

S_8 的顺序排列。x_5 决策指标值表现优异的 S_4（0.9）和 S_2（0.83）的决策值将会超过比它平均成绩高而各项决策指标值差异较小的 S_1，更能使其在平均值原本相同的 S_2、S_3、S_4、S_5、S_6 与 S_7 中脱颖而出得到较高的排名；各项决策指标中有任一项指标值表现优异的 S_3、S_5 与 S_6 的决策值超过比它们平均值和 x_5 决策指标值都高而各项决策指标值差异较小的 S_1，获得较高的名次。同时 S_3、S_5 与 S_6 的决策值超过和它们平均值相等而 x_5 决策指标值高的各项决策指标值差异较小的 S_7，名次提高。因此若提高某项决策指标的重视度，并令 λ 值为趋近于 -1 的数，会突出该项决策指标值表现优异的决策对象。

当 $\lambda = 0$ 时，即用线性加权法进行决策时，名次是按 $S_1 < S_4 < S_2 < S_7 < S_5 < S_6 < S_3 < S_8$ 的顺序排列。当 $\lambda < 0$ 并趋近于 0 时（$\lambda = -0.5$、$\lambda = -0.4$、$\lambda = -0.2$、$\lambda = -0.1$），各项决策指标值差异较小的 S_1 的名次随着 λ 值的增大而提高，当 $\lambda = 0$ 时决策值超过比 x_5 决策指标值高的 S_4 和 S_2，排名为第一；x_5 决策指标值表现优异的 S_4 和 S_2 的名次随着 λ 值的增大而降低，当 $\lambda = 0$ 时排名为第二和第三；各项决策指标值差异较小的 S_7 的名次随着 λ 值的增大而提高，当 $\lambda = 0$ 时决策值超过和它们平均值相等而 x_5 决策指标值低的各项决策指标中有任一项指标值表现优异的 S_3、S_5 与 S_6，排名为第四；各项决策指标中有任一项指标值表现优异的 S_3、S_5 与 S_6 随着 λ 值的增大而降低，当 $\lambda = 0$ 时排名落在和它们平均值相等而 x_5 决策指标值高的各项决策指标值差异较小的 S_7 的后面。因此若提高某项决策指标的重视度，令 $\lambda < 0$ 且 λ 值为趋近于 0 时，会突出兼顾各项决策指标表现整齐和该项决策值表现优异的决策对象。

当 $\lambda = 0.2$、$\lambda = 0.5$ 时，候选人的名次是按 $S_1 < S_7 < S_4 < S_2 < S_5 < S_6 < S_3 < S_8$ 的顺序排列。各项决策指标值差异较小的 S_1 的决策值超过比 x_5 决策指标值高的 S_4 和 S_2，排名为第一；各项决策指标值差异较小的 S_7 的决策值超过比 x_5 决策指标值高而平均值相同的 S_4 和 S_2，此外 S_7 的决策值超过和它们平均值相等而 x_5 决策指标值低的各项决策指标中有任一项指标值表现优异的 S_3、S_5 与 S_6，排名为第二。因此 $\lambda > 0$，会突出各项决策指标表现整齐的决策对象。

第三类情况：在第三种重视度条件下（x_4 和 x_5 的重视度高于其他决策指标的重视度）。

λ 值对候选人成绩排名次序影响类似在第二种重视度条件下的分析结果，由于篇幅有限，不做展开。

（4）重视度及 λ 值的设定原则。由上面的讨论分析发现，通过设定不同的重视度与 λ 值，可满足决策者决策的多种要求和目的，具体如下：一是重视某些指定的决策指标表现优异的决策对象；二是重视任一项或多项决策指标表现优异的决策对象；三是重视决策指标表现整齐的决策对象；四是重视决策指标表现整齐与某些指定的决策指标表现优异的决策对象；五是重视决策指标表现整齐与任一项或多项决策指标表现优异的决策对象。

同时可获得专家打分确定 λ 值和决策指标的重视度所遵循的原则（见表6-9）。

表6-9　重视度及 λ 值的设定原则

λ 值	重视度	决策要求和目的
趋近于-1 的数	该项提高	重视某单项或多项决策指标表现优异的决策对象
趋近于-1 的数	相等	重视任一项或多项决策指标表现优异的决策对象
大于 0 的数	无约束	重视决策指标表现整齐的决策对象
小于 0 趋近于 0 的数	该项提高	重视决策指标表现整齐与某单项或多项决策指标表现优异的决策对象
小于 0 趋近于 0 的数	相等	重视决策指标表现整齐与任一或多项决策指标表现优异的决策对象

（5）通过确定 λ 值与决策指标重视度来实现决策的方法。为满足决策者决策的不同要求和目的，通过打分确定 λ 值与决策指标重视度来实现决策，方法如下：

若想选拔某单项决策指标表现特别突出的决策对象，可提高该决策指标的重视度，并令 λ 值为趋近于-1 的数（如 $\lambda = -0.99$），这样将会达到目的；本例中的 S_4 的平均成绩小于 S_1，但在 x_5 决策指标值为 0.9，表现优异，因此，若将该项指标的重视度由 0.6 变为 0.8，并令 $\lambda = -0.99$，则 S_4 的决策值将会超过 S_1，更能使其在平均值原本相同的六人 S_2、S_3、S_4、S_5、S_6 与 S_7 中脱颖而出，获得较高的排名。

若想选拔某两项决策指标表现特别突出的决策对象，同样也是提高这两项指标的重视度，并令 λ 值趋近于-1，即可达到目的。本例中，S_4 在没有提高 x_4 和 x_5 的重视度之前，其平均值小于 S_1，但在其重视度由 0.6 变为 0.8，且 $\lambda = -0.99$，其决策值超过 S_1，同样高于原本平均值相同的其他决策对象。

若想选拔各项决策指标中有任一项或两项表现特别优秀的决策对象，可对各项决策指标设定相等的重视度并令 λ 值趋近于-1，这样会达到目的。在本例中，S_2，S_3，S_4，S_5 与 S_6 的平均值小于 S_1，但这些决策对象均有一项或两项决策指标表现得特别好，决策指标值为 0.9，因此，若设定各项决策指标有相同的重视度（如均为 0.6）且令 $\lambda = -0.99$，则这些决策对象的决策值可超过 S_1，更能超过与其平均成绩相等的 S_7，获得较高的名次。

若想选拔各项决策指标表现整齐的决策对象，则只需将 λ 值设定为大于 0 的数，而各项决策指标的重视度是否相等并不影响其决策结果。由本例中的三种不同的重视度下的 $\lambda = 1$ 的结果可以得知，S_1 均为第一名，S_7 均为第二名，此结果显示表现整齐的 S_7 可超过与其平均值相等的其他决策对象，而获得较高的排名。

若想选拔各项决策指标表现整齐并且某单项指标表现特别好的决策对象，可提高该项指标的重视度，令 λ 值小于 0 并趋近于 0，即可达到目的，如本例中将 x_5 的重视度由 0.6 提高到 0.8 且令 $\lambda = -0.1$，则各项决策指标表现整齐的 S_1 的名次将高于 x_5 决策指标值突出的 S_4；同理，若想选拔各项决策指标表现整齐并且任一项或两项指标表现特别突出的，各项决策指标可采用相同的重视度 0.6，并令 $\lambda = -0.5$，则各项决策指标表现整齐的 S_1 的名次优于其单项或双项指标表现优异的 S_2、S_3、S_4、S_5 与 S_6。

若想选拔各项决策指标表现整齐并且某两项指标表现突出者，则同样是提高这两项指标的重视度，令 λ 值小于 0 并趋近于 0，如本例将 x_4 和 x_5 两项指标的重视度均设为 0.8 且令 $\lambda = -0.1$，则各项决策指标表现整齐的 S_1 的名次优于这两项指标表现突出的 S_4。

（6）λ 模糊测度确定新准则。根据例 1 的研究结果以及其他同类决策问题的研究，可得出下面的结论：其一，当 λ 值趋近于 -1 时，决策着重考虑某些决策指标值的大小，这可以突出某些方面具有特长的被决策对象，达到奖励先进指标，鼓励搞突出抓重点的目的；其二，当 λ 值为一正数时，决策着重考虑决策指标之间的"均衡性"，这可突出各个方面均衡发展的被决策对象，达到严惩落后指标，鼓励各项指标均衡发展的目的；其三，当 λ 值小于 0 并趋近于 0 时，决策兼顾考虑某些决策指标值的大小与决策指标之间的"均衡性"，这可以突出某些方面具有特长并且各个方面均衡发展的被决策对象。

根据决策要求和目的，参考决策指标的重视度和 λ 值设定原则（见表 6-9）由专家打分确定决策指标的重视度和 λ 值，再利用公式（6-2）可计算出初始的 λ 模糊测度，进行归一化处理得到 λ 模糊测度。

本章所提出的 λ 模糊测度确定的新方法不仅弥补了传统 λ 模糊测度确定方法的不足，更重要的是在此基础上进行的模糊积分决策可以使决策者根据实际的需要，通过设定不同的 λ 值突出某些方面具有特长并且各个方面均衡发展的被决策对象；突出各个方面均衡发展的被决策对象达到严惩落后指标，鼓励各项指标均衡发展的目的；这种方法可广泛地应用于人才选拔和方案的挑选等领域。

6.2.2　改进的模糊积分方法的基本评价过程

模糊积分中所用模糊测度的确定问题是一个较难解决的问题，也是模糊积分能否有效应用于实际问题的一个关键所在。本章在指出传统模糊测度确定方法局限性的基础上，通过算例研究，提出了一种 λ-模糊测度的确定新准则，并在此基础上构造了一种改进的模糊积分决策方法。

（1）确定外生警源状态属性重视度。参照作者前期的研究成果，由专家根据表6-9中的设定原则，来设定区域能源安全外生警源的状态属性的重视度及 λ 值，其中 λ 值表示属性间的作用关系。可满足能源安全外生警源样本预警等级评价的基本要求。

（2）计算外生警源样本的期望值。设 X 为待评价的区域能源安全外生警源样本，其属性表示为：x_1, x_2, $\cdots$, x_n，属性值为 $f(x_i)$（$i=1$, 2, $\cdots$, n）。模糊积分评价方法的具体步骤如下：

步骤1：状态属性重视度和 λ 值的确定，根据区域能源安全外生警源样本等级评价问题，参考表6-2重视度及 λ 值的设定原则，确定各个外生警源样本属性的重视度 $g = \{g(x_i) \mid i=1, \cdots, n\}$ 和相应的 λ 值。

步骤2：将标准化后的各属性值 $f(x_i)$（$i=1$, 2, $\cdots$, n）按大小重新排序：

$$f(x_{i_1}) \geq \cdots \geq f(x_{i_j}) \geq \cdots \geq f(x_{i_n})\ (\{i_j \mid j=1, \cdots, n\}, \{i \mid i=1, \cdots, n\})$$

步骤3：根据公式（6-1）计算初始的 λ 模糊测度。

$$g_\lambda(\{x_1, \cdots, x_n\}) = \sum_{i=1}^{n} g(x_i) + \lambda \sum_{i1=1}^{n-1} \sum_{i2=i1+1}^{n} g(x_{i1})g(x_{i2}) + \cdots +$$

$$\lambda^{n-1} g(x_1)g(x_2), \cdots, g(x_n)$$

$$= \frac{1}{\lambda} \left| \prod_{i=1}^{n} (1 + \lambda g(x_i)) - 1 \right| \quad \lambda \in [-1, \infty)\ \lambda \neq 0$$

$$(6\text{--}3)$$

步骤4：将初始的 λ 模糊测度进行归一化处理，得到：

$$g_\lambda(x_{i_1}),\ g_\lambda(\{x_{i_1}, x_{i_2}\}),\ g_\lambda(\{x_{i_1}, x_{i_2}, x_{i_3}\}),\ \cdots,\ g_\lambda(\{x_{i_1}, x_{i_2}, \cdots, x_{i_{n-1}}\}),\ 1$$

步骤5：利用模糊积分公式求得区域能源安全外生警源样本的期望值 Y。

$$Y = f(x_{i_n}) + (f(x_{i_{n-1}}) - f(x_{i_n}))g_\lambda(\{x_{i_1}, x_{i_2}, \cdots, x_{i_{n-1}}\}) + \cdots + (f(x_{i_2}) -$$

$$f(x_{i_3}))g_\lambda(\{x_{i_1}, x_{i_2}\}) + (f(x_{i_1}) - f(x_{i_2}))g_\lambda(x_{i_1}) \tag{6-4}$$

6.3　GA-NN 神经网络方法

6.3.1　遗传算法

遗传算法（Genetic Algorithm，GA）是由美国密歇根（Michigan）大学约翰·霍兰德（Holland J. H.）于 1975 年提出的自适应优化搜索算法，它是一种利用自然选择和进化思想在高维空间中寻优的方法，不仅体现了适者生存、优胜劣汰的进化规则，同时具有较强的鲁棒性、自适应性及全局寻优的能力。遗传算法优化 BP 网络的初始权重的步骤如下：

6.3.1.1　权重编码 BP

神经网络的权重学习是一个复杂的连续参数优化问题，如果采用二进制编码，会造成编码串太长，且需要再解码为实数，使权重变化为步进，影响网络学习精度。因此，本章采用实数编码，BP 神经网络的各个权重按照一定的规则连为一个长串（一个染色体），串上的每一个位置对应着网络的一个权重。

6.3.1.2　适应度函数 f

将染色体上表示的各个权重分配到给定的网络结构中，网络以训练样本集为输入输出，运行后返回误差平方和定义为 $\sum_{i=1}^{n} e_i^2$，c_{max} 为可能产生误差的最大值，染色体的适应度函数为公式（6-4）。

$$f = \begin{cases} c_{max} - \sum_{i=1}^{n} e_i^2, & \sum_{i=1}^{n} e_i^2 > c_{max} \\ 0, & \sum_{i=1}^{n} e_i^2 \leq c_{max} \end{cases} \tag{6-5}$$

6.3.1.3　遗传算子

对于不同的应用问题，可以确定不同的遗传算子，本章采用的是权重交叉

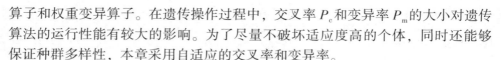

算子和权重变异算子。在遗传操作过程中，交叉率 P_c 和变异率 P_m 的大小对遗传算法的运行性能有较大的影响。为了尽量不破坏适应度高的个体，同时还能够保证种群多样性，本章采用自适应的交叉率和变异率。

（1）权重交叉算子。交叉操作是按一定的交叉概率选择参与交叉的父代染色体，可分为单点交叉、双点交叉和多点交叉 3 种。本章采用三点交叉。对子染色体中的每一个权重输入位置，交叉算子从两个亲代染色体中随机选取 3 个交叉位置，并将这一代染色体在交叉位置进行交叉运算，子代染色体便含有两个亲代的遗传基因。自适应的交叉率如下：

$$
P_c = \begin{cases} \dfrac{k_1(f_{max} - f')}{f_{max} - f_{avg}}, & f' \geqslant f_{avg} \\ \\ k_2 & f' < f_{avg} \end{cases} \tag{6-6}
$$

（2）权重变异算子。对于子染色体中的每一个权重输入位置，变异算子以概率 P_m 在初始概率分布中随机选择一个值，然后与该输入位置的权重相加。其公式如下：

$$
P_m = \begin{cases} \dfrac{k_3(f_{max} - f_i)}{f_{max} - f_{avg}}, & f_i \geqslant f_{avg} \\ \\ k_4 & f_i < f_{avg} \end{cases} \tag{6-7}
$$

式中，k_1，k_2，k_3，k_4 是取值范围为 ［0，1］ 的常数，f' 是要交叉的两个个体适应度中较大的一个，f_i 是要变异的个体的适应度，f_{max} 是种群中最大的适应度，f_{avg} 是种群的平均适应度。

6.3.1.4　选择方式

选择算子通过某种规则从群体中选择部分个体作为父代，以便进行交叉、变异等遗传操作。传统 GA 的选择算子一般采用适应度比例方法，即按各个体适应度的大小来选择它们作为父代个体。

6.3.2　神经网络模型

BP 神经网络是由神经元及神经元之间连接组成的，可分为输入层、隐含层（可能多个）、输出层。属有导师的学习算法（误差反向传播算法），由正向传播和反向传播组成。在正向传播阶段，每一层神经元的状态只影响下一层神经元的状态。如果输出层得不到期望的输出值，则进入误差的反向传播阶段。网络根据反向传播的误差信号修改各层的连结权，寻找最佳权集实现网络的正确输出。其中，输入层神经元的输出等于输入值。BP 神经网络模型结构及学习原理如图 6-1 所示。

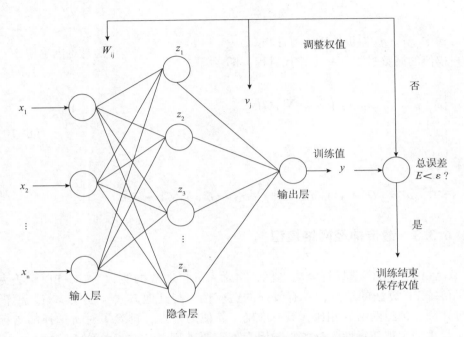

图 6-1　BP 神经网络模型结构及学习原理示意图

由于 BP 网络在训练阶段，期望的输出与实际的输出之间的误差在层与层之间反向传播，并适当地调节输入层与隐含层、隐含层与隐含层以及隐含层与输出层之间的连接权，使得期望输出与实际输出之间的误差最小。如对于第 p（$p=1$，2，$\cdots$，p）组样本，设 BP 神经网络输出层第 k（$k=1$）节点、隐含层第 j（$j=1$，2，$\cdots$，m）节点、输入层第 i（$i=1$，2，$\cdots$，n）节点的输出分别由 x_i，z_j，y 表示，w_{ij} 和 v_j 分别为输入层与隐含层、隐含层与输出层之间的连接权值，隐含层及输出层神经元采用双极性压缩函数作为输出函数，输出层的总误差为：

$$E = \frac{1}{2} \sum_{p=1}^{p} (y^p - O^p)^2 \qquad (6-8)$$

式中，p 为样本单元数；y^p，O^p 分别为第 p 个样本的实际输出和期望输出。

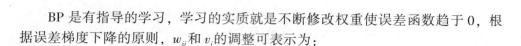

BP 是有指导的学习，学习的实质就是不断修改权重使误差函数趋于 0，根据误差梯度下降的原则，w_{ij} 和 v_j 的调整可表示为：

$$\Delta w_{ij} = -\eta \frac{\partial E}{\partial w_{ij}} \quad \Delta v_j = -\eta' \frac{\partial E}{\partial v_j} \tag{6-9}$$

式中，η，η' 为步长或学习速率。

权值的调整过程是一个迭代过程，即：

$$\begin{cases} w_{ij}(n+1) = w_{ij}(n) + \eta' \sum_{p=1}^{p} \delta_j^p O_i^p \\ \\ v_j(n+1) = v_j(n) + \eta \sum_{p=1}^{p} \delta^p O_j^p \end{cases} \tag{6-10}$$

式中，$\delta^p = (O^p - y^p)y^p(1 - y^p)$；$\delta_j^p = (\delta^p v_j)y_j^p(1 - y_j^p)$。

6.3.3 遗传神经网络模型

GA-BP 网络模型具有全局寻优、自学习、自适应的能力。GA-BP 算法克服了传统 BP 算法的缺点，具有较强的适应性。与其他方法（模糊决策、模糊综合评判、神经网络）相比，具有准确、简便的优点，排除了对所选择的指标赋予权重的主观随意性；对各影响因素不需要进行复杂的相关分析，重复的因素或者没有影响的因素的加入也不至于影响最后的结果，因为它们的权重会在运算中自动地迭代到零，从而给选择输入节点比较宽松的条件。GA 与 BP 的结合方法的具体步骤如下：①确定网络结构参数；②随机生成初始种群，按照一定的规则将网络权重进行编码，形成一个长串（染色体）；③运用初始染色体种群进行网络计算；④进行网络适应度评价，选择适应度高的染色体；⑤若不满足评价条件，对染色体进行遗传选择、变异和交叉操作，产生新的染色体，直到满足适应度评价函数（主要是进行网络权重的初选，以加快网络训练速度）；⑥选择一个最优染色体作为网络权重，进行网络的训练和评价。其工作流程如图 6-2 所示。

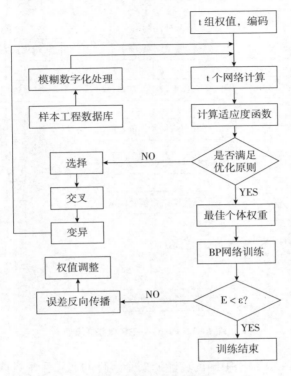

图 6-2　GA-BP 模型

6.4　区域能源安全外生警源等级识别实例分析

6.4.1　实验设计

　　针对区域能源安全外生警源的突发性、非线性和复杂性等特点，宜采用智能化方法来解决能安全外生警源的等级识别问题。BP 神经网络能充分逼近复杂的非线性关系，因此选择 BP 神经网络作为警源识别方法，并用遗传算法优化BP 神经网络的权重以提高模型精度，同时融合了模糊积分方法来确定训练样本预警等级的期望值。基于以上思想，本章构建了区域能源安全外生警源等级识别的 FI-GA-NN 模型，该模型框架见图 6-3。

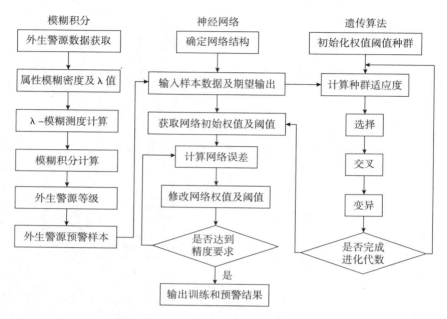

图 6-3　FI-GA-BP 模型框架

通过对 2000~2015 年中国区域能源安全事件的调查，本章获取 30 个由外生警源引发的典型能源安全事件，并对该 30 个典型案例的相关资料和数据进行了深入查阅与分析，抽取外生警源的属性数据，构建了区域能源安全外生警源数据集，其中 20 个样本作为 FI-GA-NN 模型的训练样本，10 个样本作为 FI-GA-NN 模型的测试样本。区域能源外生警源等级识别 GA-NN 方法的结构如图 6-4 所示。其中，NN 网络选用的 BP 神经网络；输入层 x_1, x_2, $\cdots$, x_n 为能源安全外生警源样本属性；y 为样本输出，其含义为样本的等级，$y \in \{00001, 00010, 00100, 01000, 10000\}$，表示由低到高的 5 个等级。

6.4.2　模型结构的确定

本章采取"经验公式+凑试法"来确定隐含层节点数最适宜的个数。首先，通过经验公式 $m = \sqrt{h + l} + a$（本章中输入层 h 是 8 个属性，输出层 l 是 5 个值，a 是 1~10 的任意常数），初步判定所要确定的区域能源安全外生警源等级识别模型隐含层节点数的取值范围在 [5, 14]。其次，运用 MATLAB7.0 依次取值，

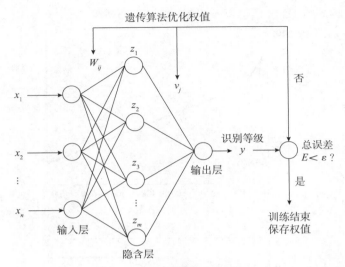

图 6-4　GA-NN 方法的结构

进行凑试。通过对凑试结果分析发现，当模型的隐含层节点数为 10 时，该模型的实际输出与期望输出差距最小，且精度较高。基于此，本书建立了 8×10×5 的区域能源安全外生警源等级识别模型。

6.4.3　模型的训练

选取区域能源安全外生警源数据集中的前 20 年的样本作为训练样本，FI-GA-NN 模型训练过程主要分为两步：一是利用模糊积分方法确定样本等级期望值；二是对遗传神经网络进行训练。模型参数设置如下：①参数 $\lambda = -0.99$；②初始种群：$pop = 30$；③遗传代数：$gen = 80$；④训练函数：梯度下降法 *TRAIN-RP*；⑤传递函数：对数函数 *LOGISIG*；⑥最大训练步数：$e = 1000$；⑦学习速率：$\eta = 0.1$；⑧期望误差：$\varepsilon = 0.001$。

经过训练后，分别得到 FI-GA-NN 模型的收敛曲线、模型的拟合度曲线和模型的误差平方和曲线，具体如图 6-5 所示。由图 6-5（a）可知，当区域能源安全外生警源等级识别的 FI-GA-NN 模型训练到第 717 步时，模型误差平方和小于期望值 $\varepsilon = 0.001$，误差达到设定范围，模型收敛，其性能达到最佳状态；由图 6-5（b）可知，模型训练的实际输出值与期望输出值较接近，经过大约 60 代的搜索后，模型的拟合度趋于稳定，两者的拟合度较高，一致性特征表现较为突出。由图 6-5（c）可知，实际输出值变化幅度与期望输出值变化幅度差距较小，因此模型的误差较小。

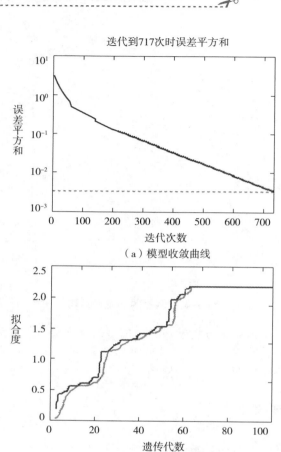

（a）模型收敛曲线

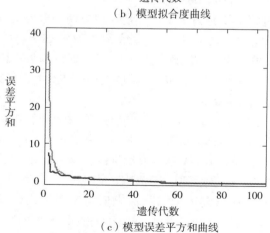

（b）模型拟合度曲线

（c）模型误差平方和曲线

图6-5　模型训练结果

6.4.4　模型的检验

选取区域能源安全外生警源数据集中的后 10 年样本数据作为检验样本，如表 6-10 所示。利用训练好的 FI-GA-NN 模型对测试进行验证，测试过程模型参数与训练过程一致。模型输出如表 6-11 所示。结果显示，训练数据和测试数据的等级识别的正确率均为 100%，可见 FI-GA-NN 模型对区域能源安全外生警源等级识别效果较好，模型误差满足期望输出值与实际输出值差距小的要求。

表 6-10　外生警源测试样本

样本编号	S01	S02	S03	S04	S05
发生时间	2007 年 8 月	2008 年 1 月	2008 年 7 月	2009 年 11 月	2009 年 12 月
发生地点	上海、广东、浙江、湖南、贵州、广西、北京、河北、山西、山东、江苏、江西、云南、陕西、河南	上海、浙江、江苏、安徽、江西、河南、湖北、湖南、广东、广西、重庆、四川、贵州、云南、陕西、甘肃、青海、宁夏新疆	浙江、江苏、上海、江西、湖北、湖南、安徽、山东	武汉	北京、天津、河北、河南、山西、内蒙古、山东、江苏、安徽
事件类型	石油安全事件	电力安全事件	煤炭安全事件	天然气安全事件	煤炭安全事件
诱发原因	油价出现"批零倒挂"	全国多地突降暴雪	运力紧张	突降暴雪	华东、华北地区突降暴雪
波及范围（省）	15	19	8	1	9
持续时间（月）	4	1	2	0.5	1
能源缺口程度	非常大	非常大	大	小	很大
经济损失程度	非常大	非常大	大	很小	大
社会反响	非常大	非常大	很大	小	很大
应急措施有效程度	很小	大	小	较大	大
政府能源安全管理水平	很差	好	差	中等	好

续表

样本编号	S06	S07	S08	S09	S10
发生时间	2010 年 11 月	2011 年 1 月	2012 年 12 月	2013 年 11 月	2014 年 2 月
发生地点	浙江、江苏、湖南、安徽	山西、陕西、河南	云南	北京、天津、河北、山西、内蒙古、陕西、四川、云南、贵州、重庆	吉林、陕西、内蒙古
事件类型	电力安全事件	煤炭安全事件	石油安全事件	天然气安全事件	天然气安全事件
诱发原因	政府为完成减排指标突击拉闸限电	当地煤企高价把煤卖给外省，本省只能外购煤	季节交替变化	天然气价格定价低，生产企业降低产量	部分小气田枯竭，季节交替变化，用气量增加
波及范围（省）	4	3	1	10	3
持续时间（月）	2	1	1	2	3
能源缺口程度	小	小	小	很大	大
经济损失程度	中等	小	很小	很大	大
社会反响	中等	中等	很小	非常大	很大
应急措施有效程度	很小	小	小	小	很小
政府能源安全管理水平	很差	差	差	很差	差

表 6-11　测试样本的等级识别结果

数据	输出结果					四舍五入	FI 计算的期望值	预警等级
测试样本 1	0.9773	0.0280	0.0086	-0.0078	-0.0022	1 0 0 0 0	0.9820	5 级
测试样本 2	0.9900	-0.0056	-0.0357	0.0234	0.0174	1 0 0 0 0	0.9476	5 级
测试样本 3	-0.0226	-0.0299	1.0638	-0.0636	0.0398	0 0 1 0 0	0.4724	3 级
测试样本 4	-0.0326	0.0066	-0.0338	0.0179	1.0180	0 0 0 0 1	0.1461	1 级
测试样本 5	0.0105	1.0098	-0.0339	0.0104	0.0028	0 1 0 0 0	0.7922	4 级
测试样本 6	-0.0447	-0.0594	0.0602	1.0324	0.0194	0 0 0 1 0	0.3211	2 级

续表

数据	输出结果					四舍五入	FI 计算的期望值	预警等级
测试样本 7	0.0701	0.0093	-0.0100	0.9820	-0.0492	0 0 0 1 0	0.3666	2 级
测试样本 8	-0.0041	-0.0099	0.0536	-0.0061	1.0075	0 0 0 0 1	0.1735	1 级
测试样本 9	0.0271	1.0047	-0.0408	0.0076	0.0017	0 1 0 0 0	0.7935	4 级
测试样本 10	-0.0369	0.0811	0.8576	0.1135	-0.0131	0 0 1 0 0	0.4663	3 级

以测试样本 1 为例，该样本能源安全事件表现为 2007 年夏季，包括广东、上海、浙江、江苏等在内的 15 个省市突然出现了大面积的"油荒"，席卷了中国大部分区域，影响范围广，对经济和社会发展产生了一定的影响。该样本爆发能源安全事件的主要外生警源是能源价格波动，由于中国成品油价格由国家管控，价格调整要迟于市场的变化，出现了零售价格低于批发价格的情况，成品油零售企业开始停供、限供，因此该外生警源集聚达到一定程度时爆发了大规模能源安全事件。通过对实际情况的分析，该测试样本的等级应该为 5 级，FI 方法计算的期望值为 0.9820，而 GA-NN 输出为 ｛0.9773 0.0280 0.0086 -0.0078 -0.0022｝，实际情况和期望值一致。可见，FI-GA-NN 模型具有一定的可行性与实用价值，能实现对警源等级的准确识别。FI-GA-NN 模型中包含了神经网络方法，具有较强的泛化映射能力；模型嵌入了遗传算法，具有很快的收敛性以及较强的学习能力。因此，FI-GA-NN 模型适合解决区域能源安全外生警源等级识别这类复杂问题。

6.5　本章小结

区域能源安全预警研究对于解决我国现阶段区域能源安全突发事件频现问题、保障区域经济与区域安全协调发展具有重要的现实意义。因此，本章以区域能源安全外生警源为研究对象，通过对区域能源安全事件案例抽取，构建了能源安全外生警源预警指标和数据集。融合模糊积分（Fuzzy Integral）、遗传算法（Genetic Algorithm）和神经网络（Neural Network）等方法的基本原理，设计了区域能源安全外生警源等级识别的 FI-GA-NN 模型。该模型首先利用模糊积分方法评估出区域能源安全外生警源样本等级识别的期望值，其次通过样本对遗传神经网络进行训练，最后对外生警源测试样本进行等级识别。实验测试结果表明，利用 FI-GA-NN 模型对外生警源训练样本（1990~2006 年）进行拟合训练，模型收敛速度快，模型训练到第 717 步时，模型误差平方和小于期望值。经过大约 60 代的搜索后，模型的拟合度趋于稳定，模型训练的实际输出值与期望输出值较接近；利用 FI-GA-NN 模型对外生警源测试样本（2007~2014 年）进行等级识别，识别准确率较高，能有效提高区域能源安全外生警源识别的正确性，降低预警风险，模型具有较大的应用价值。

第 7 章
基于案例推理集成的区域能源安全
外生警源预警研究

对区域能源安全外生警源进行有效预警并快速形成解决方案是区域能源安全外生警源研究中的一个重要环节，但由于其形成过程较为复杂，受到多种因素的影响，因此，很难对其进行量化研究。针对此种情况，本书提出了利用案例推理方法对区域能源安全外生警源进行预警的思想。具体是在前文区域能源安全外生警源形成机理和影响因素分析的基础上，建立了区域能源安全外生警源预警模型。主要是采用案例推理方法找到相似的外生警源历史案例，参照历史案例数据，对预警案例进行重构，从而得出预警案例的预警信息和解决方法，为区域能源安全外生警源预警提供一定的参考。

7.1　区域能源安全外生警源预警框架

7.1.1　区域能源外生警源预警模型建立的思想

假设区域能源外生警源预警案例 (X_i, Y_i, T_i, S)，其中，X_i 为区域能源外生警源预警案例的指标；$Y_i \in \{1, 2, \cdots, K\}$，为区域能源外生警源预警的等级结果。本章把区域能源外生警源分为 5 个等级，"1"表示预警等级为 1，预警强度很小；"2"表示预警等级为 2，预警强度较小；"3"表示预警等级为 3，预警强度中等；"4"表示预警等级为 4，预警强度较大；"5"表示预警等级为 5，预警强度很大。区域能源外生警源分级预警的目的就是寻求 X_i 与 Y_i，T_i，S 之间的关系。T_i 为预警类别，当预警类别为"0"时表示不预警；当预警类别为

"1"时表示预警。S 为区域能源安全外生警源解决方案。

$$f: R^r \rightarrow \{1, 2, 3, 4, 5; 0, 1; S\} \tag{7-1}$$

式中，R^r 为区域能源安全预警案例的 r 个预警指标。

区域能源安全外生警源分级预警模型过程包括测试和预警应用两个过程。测试过程主要是利用测试案例集来验证区域能源安全外生警源模型预警的有效性和效率。预警应用过程主要是利用预警案例集进行应用研究，为区域能源安全研究提供工具和决策支持。本章设计的区域能源安全外生警源分级预警的框架结构如图 7-1 所示。针对区域能源安全外生警源的非线性特点，本书选用案例推理方法构建区域能源安全外生警源分级预警模型。

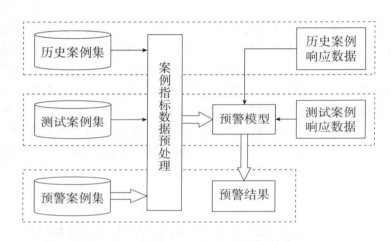

图 7-1　区域能源安全外生警源分级预警思想

7.1.2　区域能源外生警源预警模型构建

针对区域能源安全外生警源预警的案例推理问题，为提高区域能源安全外生警源预警的准确率和效率，本章提出了如图 7-2 所示的案例推理集成的预警框架。

其基本思路为：首先，通过案例表达得到外生警源案例库，案例库中包括历史案例和目标案例；其次，通过属性距离公式分别计算每个属性子空间上目标案例和历史案例的距离，得到距离矩阵；再次，利用集成机制对案例属性的距离矩阵进行集成；最后，得到案例推理预警结果，对新案例进行修正，对数据库进行更新。由图 7-2 可知，在区域能源安全外生警源预警框架中，重点需

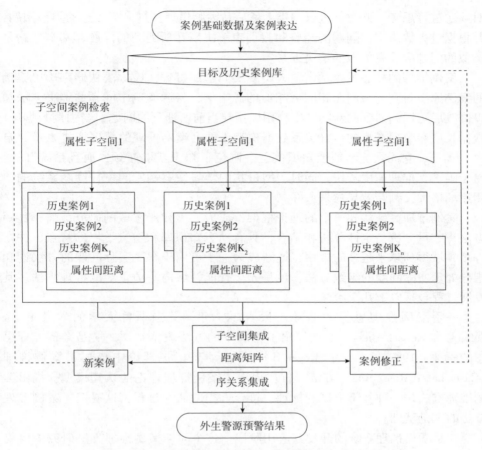

图 7-2　区域能源安全外生警源预警框架

要解决的问题是案例属性子空间的集成方法的选择，本章在前期研究成果的基础上，选取序关系方法来设计案例推理集成机制。

7.2　案例推理方法理论概述

7.2.1　案例推理方法的起源与发展

当人们遇到新问题、新情况时，不仅将其看成一个具体的问题，人们还会对问题进行思考，并对其进行归类，然后从大脑里寻找过去解决过的类似问题，并根据过去解决类似问题的经验和教训来解决现在所遇到的问题。基本思路是类似的问题应具有类似的解决方案。

案例推理的核心思想是借鉴人类解决问题的过程，该方法从储存历史案例的案例库中找到与该问题相同或相似的源案例，将源案例中问题的解决方法加以修改后运用到遇到的新问题中，用以指导当前所遇到的问题。与强调数据域、数据长度和数据类型的传统关系数据模型不同，案例推理的数据形式属于"自由"类型，它无须显示领域知识模型，避免了知识获取瓶颈，而且系统开放，易于维护，推理速度较快。同时，增量式的学习使案例库的覆盖度随系统的使用逐渐增大，判断效果愈来愈好。

案例推理突破认知科学的理论框架，成为人工智能领域的研究范畴，这一方法将定量分析与定性分析相结合，具有动态知识库和增量学习的特点，并在许多领域得到越来越多的应用，逐渐成为一个可用于解决实际问题的方法论和指导处理实际问题的组织方法，也是人工智能领域内一项重要的推理方法。其发展过程包括以下几个阶段：

一是案例推理思想的萌芽阶段。1977 年，美国耶鲁大学的学者 Roger Schank 和 Robert Abelson 首次提出了用脚本的方法表示知识，这是案例推理思想的萌芽。1982 年，学者 Roger Schank 在动态记忆理论中描述了案例推理（Case-based Reasoning）方法，首次提出了案例推理理论的认知模型，指出案例推理方法是一种基于记忆的推理，符合人类的认知过程，这奠定了案例推理方法的理论基础。

二是案例推理系统的开发与应用阶段。这个时期案例推理方法研究主要集中在美国，出现了一些基于案例推理的应用系统，Schank 的著作中有许多关于案例推理的构想是通过第一个案例推理系统 CYRUS 来实现的，这个系统使得 Schank 关于案例推理的理论变成了现实，具有里程碑的意义。这个系统的成功吸引了大批的研究人员，他们在各行各业中都建立了一些案例推理系统，并且运用于实际，取得了不错的成效。这个时期案例推理研究的特点主要有：采用简单的 K-NN 算法实现案例的检索；推理机制比较简单；除了案例检索，整个案例推理的其他阶段都需人工参与完成。

三是快速发展阶段和理论完善阶段。随着案例推理方法在许多领域取得成功应用，1993 年在德国、1994 年在法国召开了案例推理研讨会，从此以后每年都会召开一次专题研讨会。随后英国也开始效仿，英国从 1995 年开始每年也召开一次案例推理研讨会。欧洲学者初期对案例推理的主要研究方向大部分集中在故障诊断系统。亚洲国家对案例推理的研究和欧美国家有一定的差距，直到 20 世纪 90 年代末期，中国、日本等亚洲国家才开始重视案例推理的重要性，并且开始了追逐式的研究，通过不断的努力缩小了和欧美国家的差距。

案例推理理论体系在逐渐完善，这主要表现在：多技术的融合；模糊集和粗糙集理论等在案例推理中得到进一步的应用；人工神经网络、遗传算法、数据挖掘、模糊决策树、基于规则的推理等各种方法和技术与案例推理的进一步融合；重视案例库的维护，案例维护包括案例的增加、移除和修改，这是确保基于案例推理具有自增量学习的重要手段。

7.2.2　案例推理的基本思想

案例推理是用与当前事件相类似案例的解决方案来解决当前事件或问题，其思想基于以下假设：

一是正则性，即类似的问题有类似的解决方案，案例推理系统的核心就是用过去类似问题的解决方法来解决现在所遇到的类似问题，如果某领域中相似问题的解决方案不能用于新的目标问题的话，则案例推理方法就不适合该领域。然而，通常情况下世界是一个规则空间，相似问题有相似解决方案在许多领域都适用。

二是典型性，过去的事情有在未来重复发生的可能性，案例库中很有可能有即将发生的事情的类似案例，这就要求案例库中的案例具有代表性或典型意义，否则从案例库中检索案例就没有意义。

三是经验性，案例库是案例推理系统知识的主要来源，如果一个系统中问题的解决主要取决于领域知识，而把经验知识作为次要的知识来源的话，这个系统就不能称为案例推理系统。比如基于规则的推理（Rules-Based Reasoning，RBR），其知识主要是规则，即领域知识而不是经验，所以基于规则的推理不是案例推理系统。

四是易适应性，指案例间微小差距容易通过修改和调整进行弥补，在案例推理过程中，可以随时对案例进行修改和调整。

7.2.3　案例推理方法的工作原理

案例推理方法的工作原理如图 7-3 所示。

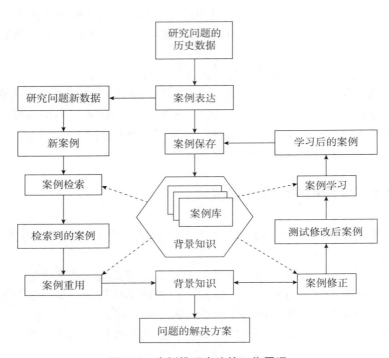

图 7-3　案例推理方法的工作原理

案例推理预警过程包括以下内容：一个典型的案例推理问题求解过程的基本步骤可以归纳为四个主要过程，即案例检索（Retrieve）、案例重用（Reuse）、案例修正（Revise）和案例保存（Retain），因此案例推理亦称为 4R。

在案例推理中，通常把待解决的问题或工况称为目标案例（Target Case），把历史案例称为义源案例（Base Case），源案例的集合称为案例库。从图 7-3 中可以了解 CBR 解决问题的基本过程为：一个待解决的新问题出现，这个就是目标案例；利用目标案例的描述信息查询过去相似的案例，即对案例库进行检索，得到与目标案例相类似的源案例，由此获得对新问题的一些解决方案；如果这个解答方案失败将对其进行调整，以获得一个能保存的成功案例。这个过程结束后，可以获得目标案例的较完整的解决方案；若源案例未能给出正确合适的解，则通过案例修正并保存可以获得一个新的源案例。在案例推理过程中，案例表示、案例检索和案例调整是案例推理研究的核心问题。绝大多数现有的案例推理系统基本上都是案例检索和案例重用的系统，而案例调整通常是由案例推理系统的管理员来完成的。

7.3　外生警源案例库构建

7.3.1　案例的表达形式

通过对文献资料的梳理和对能源安全外生警源相关事件的检索，提取出了典型的区域能源安全外生警源事件。同时，对区域能源安全外生警源事件进行了深入分析，抽取出了外生警源案例的主要特征属性。根据案例属性的特点分成了 5 个槽，具体可表示为：

$V=$ ｛固有属性，症状属性，警源类别，诱发原因，解属性｝，同时在每个槽里面用若干侧面来描述案例。其中，在症状属性槽中，属性损失程度采用 5级标度的模糊语言值来表示其取值范围，$v_{23}=$ ｛很大，较大，一般，较小，很小｝；在解属性槽中，预警类别 $v_{51}=$ ｛0，1｝，当 $v_{51}=1$ 时表示预警，当 $v_{51}=0$ 时表示不预警；预警等级 $v_{52}=$ ｛1，2，3，4，5｝，预警等级数值越高，表示警源的紧急程度、可能造成的危害程度越高。基于以上思路，建立了区域能源安全外生警源案例表达方式，具体案例结构见图 7-4。

框架名<区域能源安全外生警源案例>

槽 01：固有属性

  侧面 11：发生时间   侧面 12：发生地点   侧面 13：事件描述

槽 02：症状属性

  侧面 21：波及范围   侧面 22：持续时间   侧面 23：损失程度

槽 03：警源类别

  侧面 31：能源价格波动 侧面 32：能源政策调整 侧面 33：外部环境变化

槽 04：诱发原因

  侧面 41：批发环节调整价格 侧面 42：能源价格过高或过低 侧面 43：国外能源价格上涨

  侧面 44：能源供应量突变 侧面 45：国家节能减排政策 侧面 46：能源产量政策调整

  侧面 47：季节交替变化 侧面 48：重大自然灾害 侧面 49：突发应急事件

槽 05：解属性

  侧面 51：预警类别   侧面 52：预警等级   侧面 53：处置方案

图 7-4　区域能源安全外生警源案例的表达形式

7.3.2 案例库的构建

利用案例的表达形式，从 1999~2018 年发生的能源安全外生警源事件中提取出 72 个案例，由此构建案例库，具体见附录。

7.4 案例的相似性度量

7.4.1 序关系的定义

在 Roy S. B. Khelifa 等学者研究的基础上，对序关系进行了定义。C 是一个 m 维度的有限集合，$R = (x, y)$ 表示集合空间 C^2 上的一个关系，A 表示 C 中元素关系的集合。

7.4.1.1 n 元关系

乘积空间 $\prod_{i=1}^{n} X_i$ 中的一个子集 A 就是 $\prod_{i=1}^{n} X_i$ 上的一个 n 元关系，$(x_1, x_2, \cdots, x_n)$ 有关系 $A \Leftrightarrow (x_1, x_2, \cdots, x_n) \in A$。

一个 n 元函数 $y = f(x_1, x_2, \cdots, x_n)$ 实际可以看成是 X^{n+1} 中的一个关系 A，即 $A = \{(x_1, x_2, \cdots, x_n, y) \mid y = f(x_1, x_2, \cdots, x_n)\}$。

类似的，m 个 n 元函数 $y_i = f_i(x_1, x_2, \cdots, x_n)$ $(i = 1, 2, \cdots, m)$ 可以视为 R^{n+m} 中的一个关系 A，$A = \{(x_1, x_2, \cdots, x_n, y_1, y_2, \cdots, y_m) \mid y_i = f_i(x_1, x_2, \cdots, x_n), i = 1, 2, \cdots, m\}$。从这个角度来看，关系是比函数更基本的一个概念，函数是一种特殊的关系。

现在我们考虑 X 上的二元关系，即 $X \times X$ 子集的特性。$A \subset X^2$ 就确定了 X 中元素之间的一个二元关系：$xAy \Leftrightarrow (x, y) \in A$。

7.4.1.2 集合 C 中存在的四种关系

（1）优于关系 $>$。$x > y$ 表示集合中的元素 x 优于元素 y，优于关系 $>$ 是一种非对称关系。当元素 x 和元素 y 是 $>$ 关系，可知 $(x, y) \in A \Rightarrow (y, x) \notin A$。

（2）劣于关系 $<$。$x < y$ 表示集合中的元素 x 劣于元素 y，劣于关系 $<$ 是一种非对称关系。当元素 x 和元素 y 是 $<$ 关系，可知 $(x, y) \in A \Rightarrow (y, x) \notin A$。

（3）等于关系 $\approx$。$x \approx y$ 表示集合中的元素 x 与元素 y 无差异，等于关系是一种对称关系。当元素 x 和元素 y 是 $\approx$ 关系，可知 $(x, y) \in A \Rightarrow (y, x) \in A$。

（4）不确定关系？。x？y 表示集合中的元素 x 和元素 y 不具有可比性或两者无法比较，不确定关系是一种对称关系。当元素 x 和元素 y 是？关系，可知 $(x, y) \in A \Rightarrow (y, x) \in A$。

7.4.2　序关系的度量

我们引入 X 上的二元序关系 $>$、$<$、？、$\approx$。$x > y (x < y)$ 表示 x 优于 y（x 劣于 y），"$>$（$<$）"是一种非对称关系，具有传递性；x？y 表示 x 和 y 不具有可比性，或者说两者无法比较，"？"具有对称性；$x \approx y$ 表示 x 和 y 无差异，"$\approx$"具有自反性、对称性、传递性。

7.4.2.1　两个序关系之交

令关系 R_1，$R_2 \in \{>，<，?，\approx\}$，则 $R_1 \cap R_2$ 有 $4 \times 4 = 16$ 种情形。我们从求交得到的结果中选取一些有意义的情形，罗列如下：

（1）$R_1 \cap R_2 => $ 情形：$R_1 = R_2 =>$ 或者 $R_1 =>$，且 $R_2 = \approx$ 或者 $R_1 = \approx$，且 $R_2 =>$。这里 $R_1 =>$，$R_2 = \approx \Rightarrow R_1 = R_2 =>$ 应理解为"关系 $x > y$ 与关系 $x \approx y$ 之交得到的关系是 $x > y$"。其他的我们作类似的理解。

（2）$R_1 \cap R_2 = <$ 情形：$R_1 = R_2 = <$ 或者 $R_1 = <$ 且 $R_2 = \approx$ 或者 $R_1 = \approx$ 且 $R_2 = <$。

（3）$R_1 \cap R_2 = ?$ 情形：$R_1 =>$ 且 $R_2 = <$ 或者 $R_1 = <$ 且 $R_2 =>$。

（4）$R_1 \cap R_2 = \approx$ 情形：$R_1 = R_2 = \approx$。

7.4.2.2　两个二元关系不一致程度的度量

令关系 R_1，$R_2 \in \{>，<，?，\approx\}$，若 $R_1 \neq R_2$，我们称关系 R_1 与 R_2 之间存在不一致性（disagreement），我们用 $d(R_1, R_2)$ 来标记这种不一致性的程度。若 $R_1 \neq R_2$，$d(R_1, R_2) \neq 0$；若 $R_1 = R_2$，则 $d(R_1, R_2) = 0$。R_1 与 R_2 之间不一致性程度有 16 种情形，如表 7-1 所示。

表 7-1　两个二元关系不一致性程度衡量图

R_2 ＼ R_1	$x > y$	$x \approx y$	$x < y$	x？y
$x > y$	0	$d(>, \approx)$	$d(>, <)$	$d(>, ?)$
$x \approx y$	$d(\approx, >)$	0	$d(\approx, <)$	$d(\approx, ?)$

R_2 \ R_1	$x > y$	$x \approx y$	$x < y$	$x?\,y$
$x < y$	$d(<,\ >)$	$d(<,\ \approx)$	0	$d(<,?)$
$x?\,y$	$d(?,\ >)$	$d(?,\ \approx)$	$d(?,\ <)$	0

关系 R_1，$R_2 \in \{<,\ >,\ \approx,?\}$，$d(R_1,\ R_2)$ 表示关系 R_1，R_2 两个关系间的距离。$d(R_1,\ R_2)$ 存在以下公理：

公理1：对任意 R_1，$R_2 \in \{<,\ >,\ \approx,?\}$，$d(R_1,\ R_2) = d(R_2,\ R_1)$。

公理2：对任意 R_1，R_2，$R_3 \in \{<,\ >,\ \approx,?\}$，$d(R_1,\ R_2) + d(R_2,\ R_3) \geqslant d(R_1,\ R_3)$。

为便于计算关系 R_1，R_2 的距离 $d(R_1,\ R_2)$，$d(R_1,\ R_2)$ 应满足以下条件：

条件1：$\forall R_1$，$R_2 \in \{<,\ >,\ \approx,?\}$，当且仅当 $R_1 = R_2$ 时，$d(R_1,\ R_2) = 0$；当 $R_1 \neq R_2$ 时，$d(R_1,\ R_2) > 0$。

条件2：$d(>,?) = d(<,?)$，$d(>,\ \approx) = d(>,\ \approx)$，因为关系 $>$ 和关系 $<$ 是相反的序关系，很显然条件2是成立的。

条件3：$d(>,\ \approx) + d(\approx,\ <) = d(>,\ <)$，条件3表明关系 $\approx$ 介于关系 $>$ 和关系 $<$ 之间。

条件4：$d(>,?) \geqslant d(\approx,?)$，由关系 $>$ 和关系 $\approx$ 可知，条件4显然成立。

条件5：$d(\approx,?) \geqslant d(\approx,\ >)$，$x?\,y$ 可视为 $x > y$ 和 $x < y$ 之交，$x > y$ 可为 $x > y$ 与 $x \approx y$ 之交，根据条件1和条件2，可知条件5成立。

条件6：$d(>,\ <) = \max\{d(R_1,R_2) \mid R_1,R_2 \in \{<,\ >,\ \approx,?\}\}$。

S. B. Khelifa 等学者已证明以上六个条件成立，则 $d(R_1,\ R_2)$ 可以表示序关系的距离。令 $\min\{d(R_1,\ R_2) \mid R_1,\ R_2 \in \{<,\ >,\ \approx,?\}\}$ 作为单位距离，取值为1。从条件4、条件5和条件6可知：

$$d(>,\ <) \geqslant d(>,?) \geqslant d(\approx,?) \geqslant d(\approx,\ >) \geqslant 1 \qquad (7-2)$$

为了给序关系的距离赋值，假设公式（7-2）中相邻序关系距离的差异是平等的，得到公式（7-3）：

$$d(>,\ <) - d(>,?) = d(>,?) - d(\approx,?) = d(\approx,?) - d(\approx,\ >) \qquad (7-3)$$

从条件1、条件2和条件3，可得到 $d(\approx,\ >) = 1$，$d(>,\ <) = 2$，公式

（7-3）可变换为方程组（7-4）：

$$\begin{cases} 2 - d(>,?) = d(>,?) - d(\approx,?) \\ d(>,?) - d(\approx,?) = d(\approx,?) - 1 \end{cases} \tag{7-4}$$

可知，$d(>,?) = 3/5$，$d(\approx,?) = 4/3$。序关系的距离如表 7-2 所示。

表 7-2　序关系间的距离

R_2 ＼ R_1	$x > y$	$x < y$	$x \approx y$	$x?\ y$
$x > y$	0	1	2	5/3
$x < y$	1	0	1	4/3
$x \approx y$	2	1	0	5/3
$x?\ y$	5/3	4/3	5/3	0

7.4.3　属性的相似性度量

在案例推理系统中，C_i（$i=1, 2, \cdots, m$）表示案例库 C 中的第 i 个案例，C_0 表示目标案例，V_j（$j=1, 2, \cdots, n$）表示案例的第 j 个属性，null 表示属性值缺失。提出了非完备信息下确定符号属性、确定数值属性、区间数值属性以及模糊语言属性等属性间相似性度量方法。

7.4.3.1　确定符号属性的相似性计算

若 V_{0j} 为目标案例的第 j 个属性，且为确定符号属性，V_{ij} 为第 i 案例的第 j 个属性，且为确定符号属性，则两个确定属性的相似性可表示为：

$$Sim_1(V_{0j}, V_{ij}) = \begin{cases} 1 & \text{if } V_{0j} = V_{ij} \\ 0 & \text{if } V_{0j} \neq V_{ij} \\ \text{null} & \text{if } V_{0j} = \text{null or } V_{ij} = \text{null} \end{cases} \tag{7-5}$$

7.4.3.2　区间数值属性的相似性计算

若 V_{0j} 为目标案例的第 j 个属性，为区间数值属性，$V_{0j} = \left[V_{0j}^L, V_{0j}^U \right]$，$V_{ij}$ 为第 i 个案例的第 j 个属性，为区间数值属性，$V_{ij} = \left[V_{ij}^L, V_{ij}^U \right]$，则两个区间

数值属性的相似性可表示为:

$$Sim_2(V_{0j},\ V_{ij}) = \begin{cases} \exp[-d(V_{0j},\ V_{ij})] & \text{if} \quad V_{0j} \neq \text{null and } V_{ij} \neq \text{null} \\ \text{null} & \text{if} \quad V_{0j} \neq \text{null or } V_{ij} \neq \text{null} \end{cases} \tag{7-6}$$

$$\text{式中},\ d(V_{0j},\ V_{ij}) = \frac{\sqrt{(V_{ij}{}^L - V_{0j}{}^L)^2 + (V_{ij}{}^U - V_{0j}{}^U)^2}}{\max\{\sqrt{(V_{ij}{}^L - V_{0j}{}^L)^2 + (V_{ij}{}^U - V_{0j}{}^U)^2} \mid i \in m\}}。$$

7.4.3.3 确定数值属性的相似性计算

若 V_{0j} 为目标案例的第 j 个属性,为确定数值属性,V_{ij} 为第 i 案例的第 j 个属性,为确定数值属性,则采用欧几里得距离来计算两个确定属性的相似性:

$$Sim_3(V_{0j},\ V_{ij}) = \begin{cases} 1 - d(V_{0j},\ V_{ij}) & \text{if} \quad V_{0j} \neq \text{null and } V_{ij} \neq \text{null} \\ \text{null} & \text{if} \quad V_{0j} \neq \text{null or } V_{ij} \neq \text{null} \end{cases} \tag{7-7}$$

$$\text{式中},\ d(V_{0j},\ V_{ij}) = \frac{|V_{ij} - V_{0j}|}{\max V_{ij} - \min V_{ij}} i \in m。$$

7.4.3.4 模糊语言属性的相似性计算

若 V_{0j} 为目标案例的第 j 个属性,为模糊语言属性,V_{ij} 为第 i 案例的第 j 个属性,为模糊语言属性,模糊语言属性集合表示为 $U = \{u_1,\ u_2,\ \cdots,\ u_T\}$,$T$ 为模糊语言属性的个数,用三角模糊数来表示模糊语言属性,则 u_i 可表示为 $\tilde{u}_i = \{d_i^a,\ d_i^b,\ d_i^c\}$。$\tilde{d}_i$ 可用公式 (7-8) 表示。

$$\tilde{u}_i = \{d_i^a,\ d_i^b,\ d_i^c\} = \{\max[(i-1)/T,\ 0],\ i/T,\ \min[(i+1)/T,\ 1]\}$$

$$\tag{7-8}$$

V_{0j} 可表示为 $\tilde{V}_{0j} = \{V_{0j}^a,\ V_{0j}^b,\ V_{0j}^c\}$;$V_{ij}$ 可表示为 $\tilde{V}_{ij} = \{V_{ij}^a,\ V_{ij}^b,\ V_{ij}^c\}$。则两个模糊语言属性的相似性可表示为:

$$Sim_4(V_{0j},\ V_{ij}) = \begin{cases} \exp[-d(V_{0j},\ V_{ij})] & \text{if } V_{0j} \neq \text{null and } V_{ij} \neq \text{null} \\ \text{null} & \text{if } V_{0j} \neq \text{null or } V_{ij} \neq \text{null} \end{cases} \tag{7-9}$$

$$\text{式中},\ d(V_{0j}, V_{ij}) = \frac{\sqrt{(V_{ij}^a - V_{0j}^a)^2 + (V_{ij}^b - V_{0j}^b)^2 + (V_{ij}^c - V_{0j}^c)^2}}{\max\{\sqrt{(V_{ij}^a - V_{0j}^a)^2 + (V_{ij}^b - V_{0j}^b)^2 + (V_{ij}^c - V_{0j}^c)^2} \mid i \in m\}}。$$

序关系集成机制利用以上属性相似性度量方法分别计算每个属性子空间

上目标案例和历史案例之间相似性，得到相似矩阵 S。矩阵 S 的列表示案例属性；s_i 为矩阵 S 的行，表示第 i 个历史案例与目标案例的距离，定义为距离案例。

$S(i, k) = s_{ik}$，s_{ik} 表示第 i 个历史案例与目标案例在属性子空间 k 上的距离。$R^{(k)}(s_{ik}, s_{jk})$ 表示距离案例 s_i 和 s_j 在属性子空间 k 上序关系，可表示为：

$$R^{(K)}(s_{ik}, s_{jk}) = \begin{cases} >, & s_{ik} > s_{jk} \\ <, & s_{ik} < s_{jk} \\ \approx, & s_{ik} \approx s_{jk} \\ ?, & s_{ik} ? s_{jk} \end{cases} \tag{7-10}$$

相似矩阵中，距离案例 s_i 和 s_j 在属性空间上序关系的距离可表示为：

$$\phi^>(s_i, s_j) = \sum_{k=1}^{n} d(>, R^k(s_{ik}, s_{jk})) \tag{7-11}$$

式中，$d(>, R^k(s_{ik}, s_{jk}))$ 表示距离案例 s_i 和 s_j 在子空间 k 上的序关系与序关系 $>$ 的距离。

相似矩阵中，距离案例 s_i 与其他所有距离案例的序关系集成距离可表示为：

$$\phi^>(s_i) = \sum_{j=1}^{m} \sum_{k=1}^{n} d(>, R^k(s_{ik}, s_{jk})) \tag{7-12}$$

通过公式（7-11）和公式（7-12）对相似矩阵中的距离案例进行比较，得到了序关系集成距离矩阵 ϕ，将相似案例搜索问题，转化以下最优化问题：

$$c^{(i-opt)} = \mathrm{argmin} \sum_{j=1}^{m} \phi^>(\tilde{s}) \quad \tilde{s} \in S \tag{7-13}$$

7.4.4　OR-CBR 算法实现

在上述模型中，可将案例推理作为一个特殊的优化问题，即搜索相似矩阵中与所有距离案例序关系最近的案例。利用贪心算法的思想求解 OR-CBR 方法的局部优化解。其基本思想为：序关系集成距离最小的那些案例构成的集合为 S_1，显然这些案例在排序时应排在最前面，在剩余的案例中用同样的方法选出序关系集成距离最小的案例，构成集合为 S_2。依此类推，对含有 m 个距离案例的矩阵，经过 $m-1$ 次计算可以得到距离案例的排序关系，从而得到对应的最相似案例。

> 输入：目标案例 C_0，历史案例集 C；
> 最邻近案例集 O，剩余距离案例集合 R；
> 集合 R 初始值为矩阵 S，集合 O 为空；
> 输出：案例排序关系及最相似案例 $c^{(i-opt)}$；
> Begin
> For 案例的每个属性子空间 V_j；
> 计算目标案例与历史案例的相似性；
> 得到相似矩阵 S；
> Repeat
> 计算集合 R 中每个元素序关系集成距离 $\phi^>(s_i)$；
> 选出最优的距离案例 $c^{(i-opt)}$，剩余案例存储 R 中；
> 把最优的距离案例 $c^{(i-opt)}$ 所对应的案例存储到集合 O 中；
> Until 集合 R 为空；
> 输出集合 O 中最邻近案例及案例排序关系；
> End

7.5　实验设计及算例分析

7.5.1　实验设计

为了验证本章所提出的 OR-CBR 方法的有效性，设计了五折交叉验证法，测试用的非完备信息数据集来源 UCI 机器学习资料库，数据集特性见表 7-3。随机把每个数据集平均分为五份，其中一折作为目标案例集，剩余四折作为历史案例集，进行五次实验，准确率取五次实验的平均值。并与典型案例推理算法 ECBR（欧式距离案例推理）、MCBR（马氏距离案例推理）等进行比较，由于典型案例推理算法无法处理非完备数据，数据集中缺失的数据用属性数据的平均值来代替。实验用计算机环境为 Intel Core i5-4200，8GB 内存，算法软件采用 Matlab 7.0 实现。

表 7-3　测试数据集

数据集	属性个数	数据条数	缺失数据数	类别数
hepatitis	20	155	167	2
post-operative	8	90	3	3
cylinder-bands	40	512	999	2
anneal	38	798	19692	6

7.5.2　算例分析

利用 OR-CBR 方法对表 7-3 中的数据集进行测试，测试结果见表 7-4。从测试结果可知，hepatitis 数据集的平均准确率为 82.58%，post-operative 数据集的平均准确率为 88.60%，cylinder-bands 数据集的平均准确率为 82.94%，anneal 数据集的平均准确率为 87.66%。测试结果表明，OR-CBR 算法可以有效解决非完备信息数据集的案例推理问题，尤其是数据缺失较严重的 cylinder-bands 和 anneal 数据集，案例搜索的准确率较高。

表 7-4　OR-CBR 方法的准确率

实验 数据集	第 1 次实验	第 2 次实验	第 3 次实验	第 4 次实验	第 5 次实验	平均值
hepatitis	83.87	80.65	77.42	87.09	83.87	82.58
post-operative	90.00	87.00	87.00	89.00	90.00	88.60
cylinder-bands	83.33	77.78	88.89	83.33	81.37	82.94
anneal	85.10	89.36	87.23	91.49	85.10	87.66

为测试 OR-CBR 方法的相对效果，选取了 ECBR、MCBR 两个典型案例推理方法与 OR-CBR 方法进行比较，测试结果见图 7-5。从测试过程可知，ECBR 和 MCBR 方法要对数据集中的缺失数据进行填充，选用平均值来代替缺失值，由于 cylinder-bands 和 anneal 数据集缺失数值较多，缺失数值填充工作量巨大，效率较低。从测试结果可知，OR-CBR 方法的总体准确率要远高于 ECBR 和 MCBR 方法，ECBR 和 MCBR 方法在数据缺失较严重的 cylinder-bands 和 anneal 数据集上准确率较低，并且随着数据缺失量的增加，准确率呈现下降的趋势。

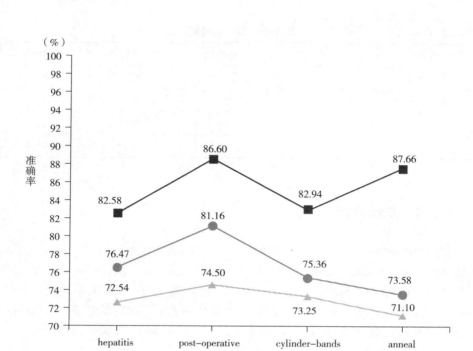

图 7-5　不同案例推理方法准确率比较

7.6　区域能源安全外生警源预警实例分析

7.6.1　目标案例

利用案例的表达形式，从 1999~2018 年发生的能源安全外生警源事件中提取了 72 个案例，由此构建了预警案例库。

同时，在全局相似度定义的基础上，利用基于序关系案例推理算法，通过 Matlab 软件编程实现。为验证外生警源预警模型的有效性，从近年的能源安全外生警源案例中随机抽取了 56 号案例、66 号案例和 69 号案例作为目标案例，目标案例的描述见表 7-5。对于目标案例，已获取了固有属性、症状属性、警源类别和诱发原因 4 个槽的案例属性值。外生警源预警模型的主要任务是通过检索出的相似历史案例中的解属性槽来确定目标案例的预警方案。

表 7-5　目标案例

案例序号	56 号案例	66 号案例	69 号案例
案例属性	目标案例 1	目标案例 2	目标案例 3
发生时间	2011 年 10 月	2013 年 11 月	2014 年 7 月
发生地点	四川、重庆、江苏、浙江、湖北、山东、河北	北京、天津、河北、山西、内蒙古、陕西、四川、云南、贵州、重庆	海南、广西
事件描述	多省出现"油荒"	大规模"气荒"	台风使电网中断
波及范围	7 个省市	10 个省市	2 个省
持续时间	50 余天	60 余天	10 余天
损失程度	较大	较大	一般
警源类别	能源价格波动	外部环境变化	外部环境变化
诱发原因	批发环节调整价格	季节交替变化	重大自然灾害

7.6.2　案例检索

根据输入的目标案例，利用基于序关系案例推理方法在外生警源历史案例库中进行案例检索，分别检索出与目标案例最相似的历史案例。由表 7-6 可知，与目标案例 1 最相似的历史案例是 29 号案例；与目标案例 2 最相似的历史案例是 60 号案例；与目标案例 3 最相似的历史案例是 24 号案例。

表 7-6　检索到的案例

案例序号	29 号案例	60 号案例	24 号案例
案例属性	相似历史案例 1	相似历史案例 2	相似历史案例 3
发生时间	2008 年 3 月	2012 年 11 月	2006 年 8 月

续表

案例序号	29号案例	60号案例	24号案例
发生地点	广东、广西、云南、江苏、湖北、上海、河南	北京、湖北、江苏、浙江、内蒙古、湖南、山东、河北、陕西	浙江、福建
事件描述	南方地区出现"油荒"	多个地区出现"气荒"	电力系统遭受台风破坏
波及范围	7个省	9个省	2个省
持续时间	70天左右	60余天	10余天
损失程度	较大	较大	一般
警源类别	能源价格波动	外部环境变化	外部环境变化
诱发原因	批发环节调整价格	季节交替变化	重大自然灾害
预警类别	1	1	1
预警等级	4	4	2
处置方案	①政府已通过财政和税收双重补贴政策给予石油企业补偿；②多部门下发通知，严禁零售商私自涨价；③中石油、中石化等企业采取加大进口量、增产成品油等措施缓解紧张局面	①各地政府启动紧急供应预案；②对用气大户企业采取停供、错峰用气等措施，优先保障居民用气；③采取多种措施增加资源有效供应	①提前部署，积极应对台风可能带来的影响；②立即启动应急机制，按照事故处理预案协调作战；③各地区积极组织人力、物力全力抢修电网

7.6.3　预警方案确定

通过最相似的历史案例中的解属性对目标案例进行预警分析。由表7-7可知，目标案例1的最相似历史案例是29号案例，其预警类别为1，预警等级为4，因此目标案例1需要预警，预警等级为4。通过与实际情况对比，目标案例1预警结果与实际情况相符。在29号案例发生时，采取了3条处置措施，见表7-6。通过分析发现，该措施对于抑制外生警源的扩散具有一定的作用，因此，对3条处置措施按照目标案例1的实际情况进行了修订，提出了目标案例1的预警方案，见表7-7。同理，表7-7也给出了目标案例2和目标案例3的预警结论。

170

表 7-7　目标案例的预警方案

案例属性	目标案例 1	目标案例 2	目标案例 3
预警类别	1	1	1
预警等级	4	4	2
处置方案	①政府提高商品油的零售价格，避免出现"批零倒挂"现象，同时政府对零售企业给予相应的补贴；②加强对零售企业的监督，严禁私自抬高油价；③协调商品油区域间的调拨，石油企业加大成品油的进口量和生产量	①启动调度预案，加强部门间的协调；②要按照天然气利用政策，调整用气结构，按顺序压缩其他行业用气，保障民生用气；③在多渠道筹措资源、增加天然气市场供应	①提前部署，检修电网线路和设备；②立即启动应急预案，成立应急指挥中心，组织物资运送和电网抢修工作；③协调其他电网的支援和各发电厂的配合

7.7　本章小结

　　本章首先针对案例库中的历史案例和目标案例，分别计算每个属性子空间目标案例和历史案例之间的相似性，得到相似性矩阵；其次利用序关系的距离度量方法，得出每个属性子空间的目标案例和历史案例的序关系距离；最后设计了集成机制对每个属性子空间的目标案例与历史案例的序关系距离进行集成。将案例推理和序关系的研究方法集合，提出了序关系-案例推理（OR-CBR）方法，为验证 OR-CBR 方法的有效性，将 OR-CBR 的研究方法与欧式距离案例推理（ECBR）和马氏距离案例推理（MCBR）两种方法进行比较，测试结果表明，OR-CBR 算法可有效解决非完备信息数据集的案例推理问题。为将 OR-CBR 的研究方法与实际紧密结合，从 72 个区域能源安全外生警源案例中选取其中 3 个案例作为目标案例，通过 Matlab 软件编程运用 OR-CBR 的方法分别选出与目标案例最接近的历史案例，将历史案例的预警方案与实际情况结合，相应得出目标案例的预警方案。

第8章
区域能源安全外生警源预警系统开发

8.1 开发背景

21 世纪以来，世界许多国家都更加关注能源安全问题。能源问题已成为当今世界各国发展所面临的一个紧迫而重要的问题。世界各国要实现持续稳定发展，离不开能源的支撑，能源安全已成为制约各国经济社会发展的瓶颈。从近期来看，随着我国经济的快速增长，我国各地区能源安全问题开始凸显，已经严重影响了各地区社会与经济的正常运转与可持续发展。特别是近年来，我国不同地区相继出现了以能源"四荒"（煤荒、油荒、电荒、气荒）为代表的能源供应中断事件。这些事件在一定程度上说明了目前我国区域能源安全预警体系还不够完善，无法满足区域快速经济发展对能源需求的要求，确切地说是现有的区域能源安全预警体系未从根本上识别出影响区域能源安全因素的主要来源（能源价格波动、能源供应量的突变、突发自然灾害等）。本系统在前文研究的基础上，将该问题定义为外生型区域能源安全问题，并将影响区域能源安全因素的主要来源界定为区域能源安全外生警源。在这种情况下，如何快速识别出影响区域能源安全的外生警源，并对其进行准确预警，对建立区域能源安全预警体系就显得尤为必要。

区域能源安全外生警源预警问题具有以下特点：一是区域能源安全外生警源识别与预警是由多问题组成，由一系列决策构成的；二是区域能源安全外生警源识别与预警涉及多领域，识别主体呈现多元化，识别与预警体现高度复杂化，需要采用能够处理多种问题的智能手段和经验决策；三是由于区域能源安全预警以及所面临决策环境的复杂性和不确定性，区域能源安全外生警源识别与预警属于非结构化决策，将面临自身结构模糊或不确定等情况，因而需要集成多种技术的优势来提供解决方案。具体来说是在区域能源安全出现问题之前，找出可能引发区域能源安全事件的外生警源。由于区域能源安全外生警源是一种难以描述与度量的不确定问题，难以建立模型来预测，因此，本系统利用历史区域能源安全事件的数据，采用案例推理方法对可能出现的区域能源安全外生警源进行预警。

8.2　系统设计

8.2.1　功能结构

8.2.1.1　功能结构描述

区域能源安全外生警源预警主要包括两大模块：一是用户模块，包括用户管理、权限管理功能；二是预警系统的功能模块，包括外生警源案例管理、预警方法模块、案例检索模块、案例学习模块、案例修正模块、新案例生成等子模块（见图 8-1）。

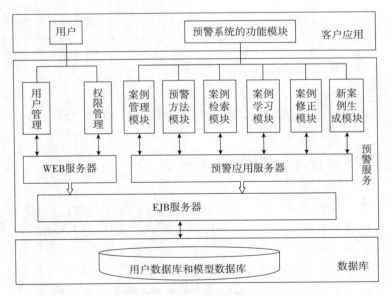

图 8-1　区域能源安全外生警源预警系统功能结构

8.2.1.2 功能用例

系统的功能用例见图 8-2,具体分为系统管理人员和一般用户功能。

在系统应用过程中,系统管理人员主要是对系统进行维护,可进行用户管理的各项操作,包括用户的添加、删除,用户信息的修改;系统维护的各项操作;预警方法的管理;案例浏览、案例查询、案例管理、新案例管理等各项操作。

一般用户功能主要是应用系统对区域能源安全外生警源进行预警应用,包括案例浏览、案例查询、案例录入、案例的修改;可调用系统中的案例推理预警方法对目标案例进行预警分析,并对目标案例进行修改,通过新案例生成操作录入案例库。

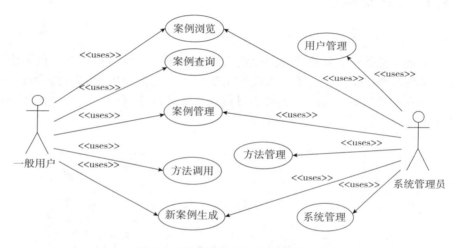

图 8-2 区域能源安全预警系统用例

8.2.2 用户管理子系统详细设计

用户管理工具管理用户及用户组的基本属性,并控制他们的权限,将分工体现在企业建模工具的使用中,从而加强对系统应用过程的管理,减少不必要的操作冲突,提高系统的效率和所得到预警结果的有效性。当以管理员权限进入系统后可以进行系统的管理、查询、输入用户信息以及删除等操作;当以普通用户权限进入系统后可以对自己的基本信息进行查看,对密码进行修改。

8.2.2.1　用户管理子系统要求

（1）系统应建立友好的界面，既要操作简单、直观，又要易于学习掌握。开发用户管理系统的目的是方便管理员对用户信息的管理，包括修改、删除、输入等。

（2）系统在面对不同用户名和密码时，将给出不同的权限功能，如普通用户只能查看、修改自己的信息，而对于管理员，则可以输入用户信息、信息查询（根据不同关键字进行条件查询）、用户信息修改（修改、删除普通用户）。

（3）该系统主要是面对系统管理员，故操作应该简单易懂，对于每一步的操作，都有不同的选择性，更显得系统的人性化。

8.2.2.2　用户管理子系统的主要功能

用户管理子系统的主要功能有：①新建用户；②删除用户；③修改用户；④查询用户；⑤用户排序。

8.2.2.3　用户管理子系统功能分解

（1）用户管理子系统功能（见图 8-3）。

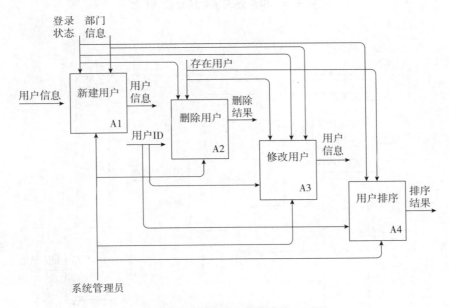

图 8-3　用户管理子系统功能 A0 图

（2）新建用户功能（见图 8-4）。

（3）删除用户功能（见图 8-5）。

（4）修改用户功能（见图 8-6）。

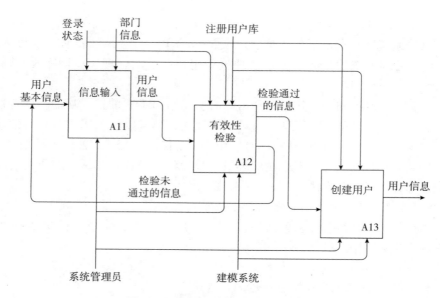

图 8-4　用户管理子系统功能 A1 图

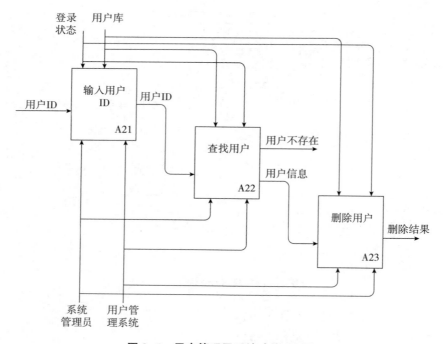

图 8-5　用户管理子系统功能 A2 图

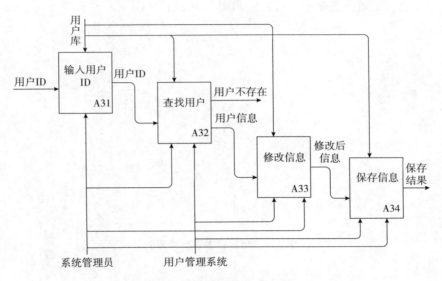

图 8-6　用户管理子系统功能 A3 图

（5）用户排序功能（见图 8-7）。

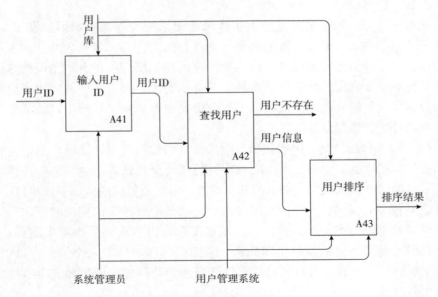

图 8-7　用户管理子系统功能 A4 图

8.2.2.4 用户管理子系统功能用例（见图8-8）

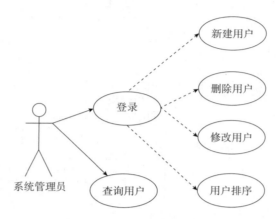

图8-8 用户管理子系统用例

8.2.3 案例管理子系统设计

8.2.3.1 能源安全外生警源案例的定义

区域能源安全外生警源是指由于区域能源系统的外部影响因素发生变化，如能源价格的波动、能源政策的调整、突发自然灾害等，导致区域能源系统随之产生扰动，并由此引发威胁区域能源安全的连锁反应事件，本系统将这些影响区域能源系统安全的外部性要素界定为外生警源。在总结区域能源安全事件成因及演化过程的基础上，依据以上外部影响因素分析，从外生警源的形成机理角度将外生警源划分为以下几类：

（1）能源价格波动。由于我国的能源价格由政府管制，能源价格的定价机制不是由市场供需决定的，因而能源价格的扰动会打破局部地区的能源供需平衡，从而形成干扰区域能源安全的外生警源，最终诱发区域能源安全事件。

（2）能源政策调整。由于我国采用的是"低价短缺"的能源政策，且区域能源供需平衡较为脆弱，因此，当区域能源新政出台或相关政策突然调整时，势必会引发局部地区的能源供需失衡，从而引发区域能源安全事件。可以说，区域能源新政出台或相关政策突然调整已成为当前诱发区域能源安全事件的主要外生警源之一。

（3）外部环境变化。外部环境变化这一区域能源安全的外生警源更多可能会诱发局部地区的能源需求量、能源供应量发生突变，导致区域能源安全事件。

通过对近年来我国各地区突发的区域能源安全事件的诱因分析，将影响区域能源安全的外部环境划分为季节变化、自然灾害和突发事件等。

通过对"煤荒""油荒""电荒"和"气荒"等区域能源安全事件案例的收集，对比分析了各类区域能源安全外生警源的形成机理，并依据相关文献的研究，抽取了各类区域能源安全外生警源的共性特征，并将区域能源安全外生警源的特征属性分为描述性属性和状态属性，具体见图8-9。

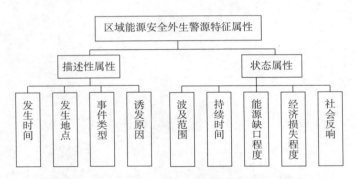

图8-9　区域能源安全外生警源案例特征属性

8.2.3.2　案例管理子系统的功能需求

案例管理是进行区域能源安全外生警源预警的首要问题，其目的是在具有较高理论抽象和概括的基础上创建外生警源预警库，以指导或改进管理决策。一般来说，案例的作用是解释、预测和实现。就案例管理来说，其作用可以概括为以下三个方面：

（1）表示。以可视化的形式表示区域能源安全外生警源的发生时间、地点、时间类型、涉及范围、持续时间、能源缺口程度。

（2）分析。形式化地描述区域能源安全外生警源的诱发原因、演化过程，外生警源爆发时对社会和经济所造成的影响。

（3）管理。支持对区域能源安全外生警源的录入、删除和管理。

事实上，由于外生警源爆发、演化的异常复杂性，迄今为止，外生警源的描述研究一直是学术界关心的热点问题，无论从描述分析、管理等方面都有待改进和完善。

8.2.3.3　案例管理子系统功能分解及描述

案例管理子系统定义能源安全外生警源的信息、案例的结构单元，描述各阶段外生警源案例的演化过程，为目标案例快速搜索相似案例，并显示预警结果，对新案例的学习、修改和保存提供可参考的资料，以此提高预警效率。

　　案例管理子系统支持：①以表单形式描述能源安全外生警源案例的基本信息；②按照案例的特征属性，如发生时间、发生地点、持续时间、影响范围等特征属性进行排序；③建立外生警源案例库，对案例进行修改、查询、删除；④能在目标案例生成新案例后，将新案例存入案例库中。

　　通过案例管理子系统进行需求分析，用IDEF0方法建立了系统通用功能模型。如图8-10所示，案例管理子系统主要包括添加案例、案例修改、案例删除、案例排序、案例查询等功能模块。

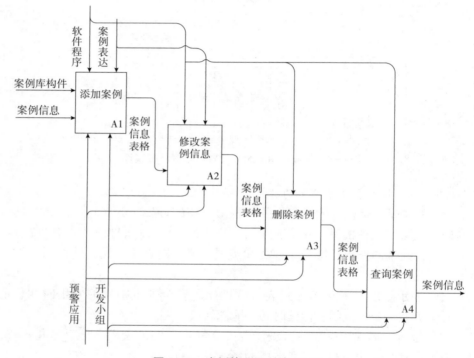

图 8-10　案例管理子系统 A0 图

　　案例管理子系统以表格形式展示的能源安全外生警源主要信息。其功能有：①添加案例：把外生警源的基本信息录入案例数据库中，增加新案例；②修改模型信息：对已添加的案例信息进行修改；③删除案例：把已录入案例从数据库中删除；④案例查询：展示所要查询案例的基本信息。

　　表8-1给出了能源安全外生警源案例信息的表现形式。

表 8-1　案例信息表现形式

案例编号	发生时间	发生地点	事件	能源类型	诱发原因	波及范围	警源等级	持续时间	能源缺口程度	损失程度	社会反响	类别属性	解决方案

8.2.4　预警方法子系统

8.2.4.1　预警方法子系统的功能需求

预警子系统是进行区域能源安全外生警源预警系统的核心问题，其主要作用是在该子系统中嵌入案例推理方法，通过案例推理方法在案例管理子系统中搜索目标案例的最相似历史案例，通过历史案例的信息对目标案例进行预警，其作用可以概括为以下三个方面：

（1）录入。以可视化的形式录入当前区域能源安全外生警源事件的发生时间、发生地点、时间类型、涉及范围、持续时间、能源缺口程度。

（2）计算。按照设计的案例推理算法准确地计算目标案例和历史案例的相似度，并对历史案例按相似度进行排序。

（3）显示。以表单形式展现搜索出的相似历史案例，支持对区域能源安全外生警源相似历史案例进行修改、删除、管理和排序。

8.2.4.2　预警方法子系统功能分解及描述

预警方法子系统通过录入能源安全外生警源目标案例，调用嵌入的案例推理预警方法，目标案例快速搜索相似案例，并显示预警结果。

预警方法子系统支持：①以可视化形式描述能源安全外生警源案例目标案例的基本信息；②在该子系统中嵌入案例推理预警方法，并易于选择；③以表单形式描述搜索出的能源安全外生警源历史案例的基本信息；④对搜索能源安全外生警源历史案例进行排序、修改、删除。

通过对预警方法子系统进行需求分析，用 IDEF0 方法建立了系统通用功能模型。如图 8-11 所示，预警方法子系统主要包括录入目标案例、案例搜索、相似案例显示、相似案例删除等功能模块。

预警方法子系统以可视化形式展示能源安全外生警源预警过程。该子系统的主要功能有：①录入目标案例：把外生警源目标案例的基本信息录入系统中；②案例搜索：调用预警方法，搜索最相似历史案例；③相似案例显示：把预警方法搜索出的相似历史案例以表单形式显示；④相似案例修改：修改选中的相

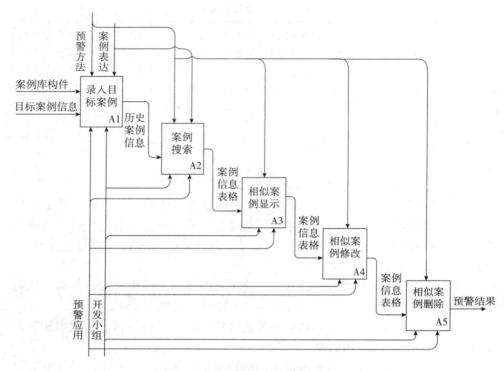

图 8-11　预警方法子系统 A0 图

似历史案例的基本信息；⑤相似案例删除：删除选中的相似历史案例。

8.2.5　新案例生成子系统设计

新案例生成子系统是对区域能源安全外生警源预警结果的展示，通过学习搜索出的最相似历史案例的信息，填充目标案例的预警结果，并对目标案例进行修正，从而形成新的案例，存入案例库中。

8.2.5.1　新案例生成子系统的功能需求

新案例子系统是对区域能源安全外生警源预警系统案例库的更新，其主要作用是通过搜索出的最相似历史案例来完善目标案例的预警信息，通过历史案例的信息对目标案例进行预警，为区域能源安全外生警源预警提供决策支持。其作用可以概括为以下三个方面：

（1）显示。以可视化的形式显示目标案例的预警结果，包括是否预警、预警等级以及外生警源解决方案。

（2）学习。对能源安全外生警源目标案例的预警结果进行学习，分析目标案例预警结果的准确性和解决方案的合理性。

（3）修正。对目标案例预警后的信息依据实际情况进行修正，并保存到案例库中，形成新案例。

8.2.5.2 新案例生成子系统功能分解及描述

新案例生成子系统支持：①以可视化形式描述能源安全外生警源案例目标案例的预警信息；②能对目标案例的预警结果进行学习和分析；③对搜索能源安全外生警源目标案例的预警信息进行修改；④以表单形式描述存储修改后的目标案例到案例库中。

通过对案例生成子系统进行需求分析，用 IDEF0 方法建立了系统通用功能模型。如图 8-12 所示，案例生成子系统主要包括预警结果显示、目标案例学习、目标案例修正、新案例保存四个功能模块。

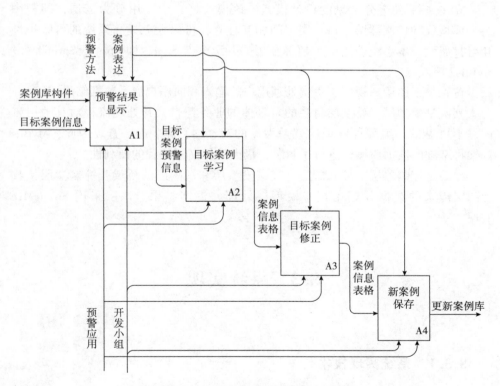

图 8-12 新案例生成子系统 A0 图

新案例生成子系统以可视化形式展示能源安全外生警源预警结果。该子系统的主要功能有：①预警结果显示：把目标案例的预警信息填充到目标案例中；②目标案例学习：分析目标案例的预警信息，判断解决方案的合理性；③目标案例修正：对目标案例的预警结果信息进行修改；④新案例保存：把修正后的目标案例作为新案例保存到案例库中。

8.2.6 系统架构设计

系统设计来源于需求，首先对系统的总体架构和数据库进行设计，然后再对各个功能需求进行详细设计。同时采用 MVC 模式使得系统满足性能方面的需求，系统还重点对前端交互进行了详细设计，使得系统交互变得更加友好和易用。

MVC 是一种十分常见的设计模式。该模式将一个应用分为三层，即视图层、模型层和控制器层。每一层之间相互独立，可以大大提高系统的可维护性和可扩展性。本系统选用一个超轻量级的开源框架 SSM，即 Spring+Springmvc+MyBtis。

首先是视图层。视图层负责处理用户的输入和向用户展示数据结果。

其次是模型层。模型层封装的是具体的业务逻辑，其处理流程对其他层来说是不可见的。编程最麻烦的就是大量的写、增、删、改、查。因此，MyBtis 框架将基础的数据库操作进行了封装，极大地提高了编程的便利性。

最后是控制器层。控制器层是连接模型层和视图层的桥梁，控制器层接收视图层传来的数据并调用相应模型层处理并返回结果。该层采用 SpringMvc 实现。

8.3 系统实现

8.3.1 系统实现技术

系统采用前后端分离的设计，前端主要实现视图层，后端主要实现控制层和模型层。开发运行平台为 java，可以跨平台使用。

8.3.1.1　前端实现

为了方便对数据进行灵活的展示，视图层采用 ACE 模板实现。前端框架采用 Angular.js，Angular.js 框架具有以下特点：

（1）数据的双向绑定。view 层的数据和 model 层的数据是双向绑定的，其中一方发生更改，另一方会随之变化。

（2）代码模块化。每个模块的代码独立拥有自己的作用域，包括 model、controller 等。

（3）强大的 directive。可以将很多功能封装成 HTML 的 tag，属性或者注释等，美化了 HTML 的结构，增强了可阅读性。

（4）依赖注入。将这种后端语言的设计模式赋予前端代码，这意味着前端的代码可以提高重用性和灵活性，未来的模式可能将大量操作放在客户端，服务端只提供数据来源和其他客户端无法完成的操作。

（5）测试驱动开发。Angular.js 一开始就以此为目标，使用 Angular 开发的应用可以很容易地进行单元测试和端对端测试，这解决了传统的 js 代码难以测试和维护的缺陷。

由于后台传到前台的变量主要包括字符串和数组两种。前端通过使用 Angular.js，使得对于字符串变量的设置和展示较为简单。用户交互更加灵活，便于前后端分离。

8.3.1.2　后端实现

（1）整体框架。后端采用 MVC 架构，使用 SSM 框架集，便于前后端轻松实现分离。SSM（Spring + SpringMVC + MyBatis）框架集由 Spring、Spring-MVC、MyBatis 三个开源框架整合而成，常作为数据源较简单的 Web 项目的框架。

Spring 是一个轻量级的控制反转（IOC）和面向切面（AOP）的容器框架。

SpringMVC 分离了控制器、模型对象、分派器以及处理程序对象的角色，这种分离让它们更容易进行定制。

MyBatis 是一个基于 Java 的持久层框架。iBATIS 提供的持久层框架包括 SQL Maps 和 Data Access Objects（DAO），MyBatis 消除了几乎所有的 JDBC 代码和参数的手工设置以及结果集的检索。MyBatis 使用简单的 XML 或注解用于配置和原始映射，将接口和 Java 的 POJOs（Plain Old Java Objects，普通的 Java 对象）映射成数据库中的记录。

（2）控制器层和模型层之间调用实现。控制层如果直接采用 new 的方式调用模型层的话，类之前耦合性会太大。固采用框架提供的 D（）方法。模型类的实例化在 D（）函数中降低了类之间的耦合性。同时，在使用 D（）函数实现话模型类时，系统会自动通过参数字符找到对应的数据库表。如果这个数据库表是第一次操作，则系统会自动获取表结构并缓存起来。

8.3.2 系统实现

8.3.2.1 系统登录

进入基于案例推理的区域能源安全外生警源预警系统登录界面，输入用户名和密码，点击登录按钮，进入系统主界面（见图8-13）。

图 8-13 系统登录界面

8.3.2.2 系统主页

登录成功，则会跳转至系统首页，系统首页包括系统说明图以及系统说明。

系统界面主要分为三部分，右上边为个人管理模块和注销按钮，个人管理可以修改个人资料，点击【注销】按钮即可退出系统，弹出登录界面。左边为系统菜单选项模块。中间为系统主界面模块（见图8-14）。

8.3.2.3 用户管理

（1）用户管理界面。点击系统左侧【用户管理】按钮，即可进入用户管理界面，用户管理主要包括系统用户的增删改查（见图8-15）。

（2）添加用户。点击解密底部加号按钮，即可弹出添加用户界面，填写相关信息，点击【保存】即可添加一条用户信息，点击【取消】放弃本次操作（见图8-16）。

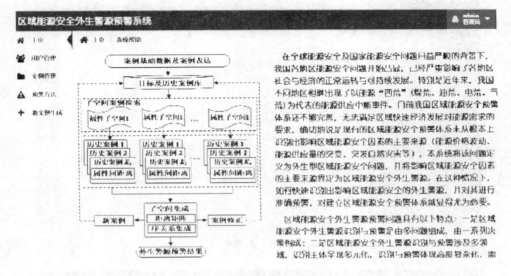

图 8-14　系统主页

图 8-15　用户管理界面

（3）修改用户。点击某条记录右侧的修改按钮，或双击某条记录，即可弹出修改用户信息界面，修改相关信息后，点击【保存】修改成功，点击【取消】放弃本次操作（见图 8-17）。

（4）删除用户。点击某条记录右侧的删除按钮，弹出提示框，点击【确认】删除该条信息。也可选择多个记录左侧复选框，然后点击顶部删除按钮，即可删除多条选择的用户信息（见图 8-18）。

图 8-16　添加用户

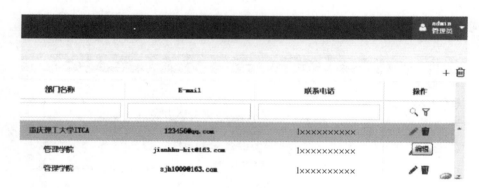

图 8-17　修改用户

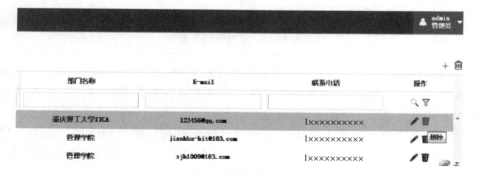

图 8-18　删除用户

（5）用户查询及排序。填写表格顶部查询条件，点击查询按钮，即可根据条件查询用户信息。点击用户信息表格表头选项，即可按照该字段排序显示（见图 8-19）。

图 8-19 用户查询及排序

8.3.2.4 案例管理

点击系统左侧【案例管理】按钮，即可弹出案例管理界面，案例管理主要包括系统案例的增删改查（见图 8-20）。

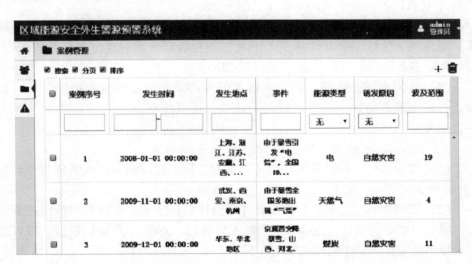

图 8-20 案例管理界面

（1）添加案例。点击界面底部加号按钮，即可弹出添加案例界面，填写相关信息，点击【保存】即可添加一条案例，点击【取消】放弃本次操作（见图8-21）。

图8-21　添加案例

（2）案例修改。点击某条记录右侧的修改按钮，或双击某条记录，即可弹出案例详细信息，也可修改案例，修改相关信息后，点击【保存】修改成功，点击【取消】关闭案例离开界面（见图8-22）。

（3）删除案例。点击某条记录右侧的删除按钮，弹出提示框，点击【确认】删除该条信息。也可选择多个记录左侧复选框，然后点击顶部删除按钮，即可删除多条选择的案例信息（见图8-23）。

（4）案例查询及排序。填写表格顶部查询条件，点击查询按钮，即可根据条件查询案例信息。点击表格表头选项，即可按照该字段排序显示（见图8-24）。

8.3.2.5　预警方法

（1）方法选择。点击系统左侧【预警方法】按钮，即可进入案例搜索界面（见图8-25、图8-26）。

（2）案例搜索。点击主界面顶部【案例搜索】按钮，即可弹出按钮搜索界面，填写一条案例信息，选择要搜索的案例算法，点击【搜索】按钮，即可搜索出按照指定算法排序的相关案例（见图8-27至图8-31）。

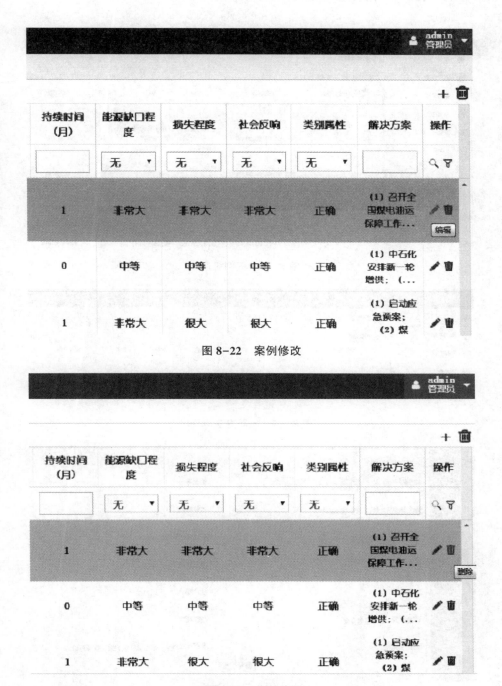

图 8-22　案例修改

图 8-23　删除案例

图 8-24　案例排序

图 8-25　预警方法界面

图 8-26　基于信息熵的案例推理预警方法

图 8-27 信息熵案例推理相似案例搜索结果排序

图 8-28 基于相对距离的案例推理预警方法

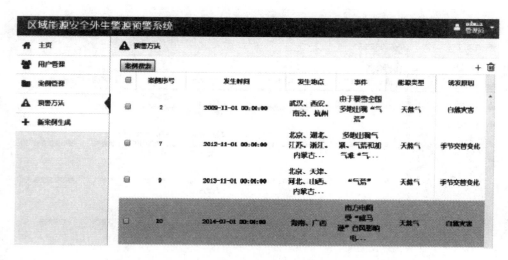

图 8-29　相对距离的案例推理相似案例搜索结果排序

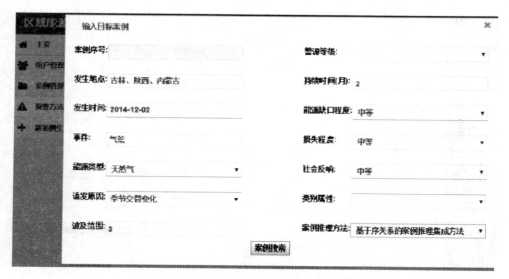

图 8-30　基于序关系的案例推理预警方法

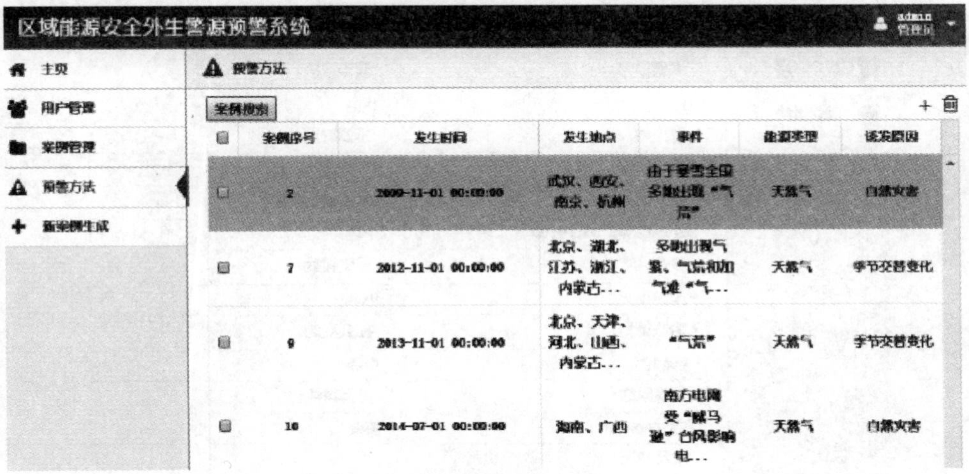

图 8-31　序关系案例推理相似案例搜索结果排序

8.3.2.6　新案例的生成

点击系统左侧【新案例生成】按钮，即可进入预警结果显示界面（见图 8-32、图 8-33）。

8.4　本章小结

针对区域能源安全外生警源预警系统的实际需求，本章介绍了一个基于 Web 技术的区域能源安全外生警源预警系统的设计和实现。该系统集成了本书所提出的基于案例推理集成的区域能源安全外生警源预警方法，在将 Web 技术与预警方法相结合的同时，有效地扩展了区域能源安全外生警源预警的应用范围。本章还给出了预警系统的应用案例，利用本系统对区域能源安全外生警源现有的真实数据进行了研究，表明本系统所采用的预警方法能快速地对区域能源安全外生警源进行预警。

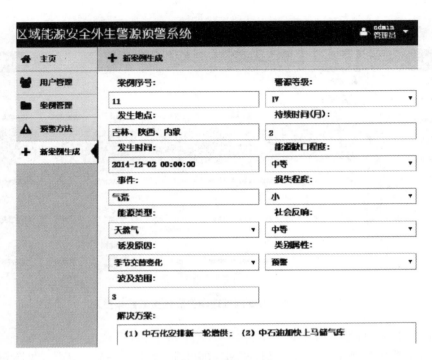

图 8-32　预警结果的输出

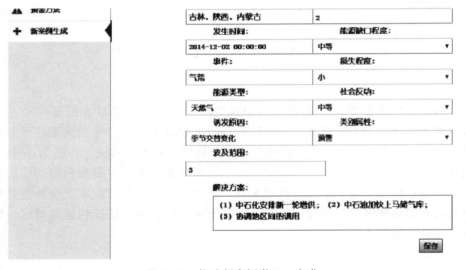

图 8-33　修改新案例学习、生成

第 9 章
研究结论与政策建议

9.1　研究结论

当前我国区域能源安全面临着国内、国外的双重巨大压力，受能源价格波动和能源消耗总量控制的压力，以及能源"四荒"（煤荒、油荒、电荒、气荒）等区域能源安全问题所带来的不利影响，我国各地区经济的持续、健康、稳定发展面临严重的阻碍。为有效改善我国区域能源安全面临的巨大危机，准确识别区域能源安全问题的外生警源并进行预警，对我国区域能源安全的稳定性提升具有重要价值。基于此，本书融合分析我国现阶段区域能源安全突发事件频发的现象，以区域能源安全为研究对象，从外部性视角，对其展开预警体系研究，既可以对我国区域能源安全突发事件的准确预警提供有益的决策支撑，又有助于促进区域经济与区域能源安全协调发展。基于此，本书通过对区域能源安全外生警源研究基本理论框架的构建，利用系统动力学对区域能源安全外生警源的影响因素进行相关分析，提出了基于 FI-GA-NN 融合的区域能源安全外生警源的等级识别模型，通过基于案例推理集成的外生警源预警框架的设计，探索了案例推理的集成机制，最后，以此为基础开发出了区域能源安全外生警源预警系统。主要得出以下结论：

第一，基于文献梳理，系统阐述了当前我国区域能源安全的基本研究现状。通过对区域能源安全的内涵、特征、表现以及影响因素等的解析，发现我国区域能源安全表现出动态性、复杂性和脆弱性的特征。其中动态性是指区域能源安全除了受特定时间段的安全状况的影响，又要受到区域能源的长期战略和安全的影响；复杂性是指区域能源安全体系作为国家能源安全体系的重要组成部分，自身又是一个组织相对严密、涉及诸多利益相关主体的动态复杂系统；脆弱性主要表示一个区域在出现能源供应干扰或破坏时可能造成的损害程度。在对相关理论进行总结分析的基础上，本书从外部性视角，对诱发我国各地区能源安全事件的成因进行演化分析，识别出能源价格波动、能源政策调整及外部环境变化等外生警源。其中，能源价格波动指的是由于中国的能源价格受到政府的管制，能源价格的定价机制不是单纯地依靠市场的供需情况决定，因而能源价格的波动会对局部地区的能源供需平衡带来不利的影响，从而演变成为干扰区域能源安全的外生警源，最终导致区域能源安全事件的发生；能源政策干预不当指的是部分地区为了谋求自身经济的发展或者受到国家政策制定导致的约束效应，在一定时期，会对能源政策进行某种强制性的干预，从而对局部地区的能源供需和调配带来失衡的影响，并最终导致区域能源安全事件的发生；外部环境变化指的是诱发区域能源安全的突发事件或自然环境恶化可能会导致局部地区的能源需求量、能源供应量发生骤变，从而诱发区域能源安全事件。本书最后对区域能源安全外生警源的要素作用的形成机理进行了深入探究，并以此为依据，根据能源价格波动、能源政策调整及外部环境变化这三类外生警源的特征，构建了由区域能源安全外生警源识别模块、信息采集模块、预警模块、事件应对预案模块和预警策略模块组成的区域能源安全外生警源预警框架。

第二，基于系统动力学探析了区域能源安全外生警源的影响因素。针对区域能源安全外生警源的出现与地区发展环境是一个相互联系的整体，通过系统动力学模拟区域能源安全外生警源的形成机理，可以有效提高其表达能力。因此，本书通过对区域能源安全外生警源案例的实际情况分析，基于系统动力学的基本原理，构建出了能源供应量和能源消费量两个子系统组成的区域能源安全外生警源系统模型，以此来分析区域能源安全外生警源对能源缺口的影响，运用定性与定量相结合的方法，将构建出的区域能源安全系统模型进行极端模拟测试，进而将复杂的、系统的问题简单化。后来通过对参数的调试、进行灵敏度分析后，发现自然灾害影响程度和事件危急程度会给区域能源供给量产生负向影响，定价机制对区域能源需求量产生负向影响，运力对区域能源供给量产生正向影响。

第三，针对外生警源数据多维度的特点，提出了基于多维关联规则的区域能源安全外生警源隐含特征分析方法，通过能源安全外生警源多维关联挖掘模型的设计，基于多维属性融合的思路，把属性划分为事务项，将外生警源多维属性映射为一维，利用 Apriori 算法的基本原理进行规则挖掘，研究警源属性间的关联管理，实现强关联规则输出。发现多维关联规则方法可以找到隐藏在外生警源数据中的规律，通过对挖掘出规则集的归纳分析，发现区域能源安全外生警源的四个共性特征：一是区域能源安全外生警源的衍化性，即不论何种规模和性质的区域能源安全外生警源爆发，都可能会在短期内不同程度地蔓延到其他地区，滋生出更加严重、更加广泛的能源安全事件；二是区域能源安全外生警源的季节性，多数区域能源安全事件都爆发在夏季和冬季；三是区域能源安全外生警源的危害性，指的是区域能源安全外生警源爆发后，所诱发的能源缺口的危害程度等级为大；四是区域能源安全外生警源的持续性，当区域能源外生警源爆发后，一般持续的时间都比较长。

第四，详细描述了基于 FI-GA-NN 融合的区域能源安全外生警源等级识别研究，从外部性的角度，把诱发区域能源事件的根本原因界定为能源价格波动、能源政策干预不当和外部环境变化三类外生警源，通过对能源安全外生警源的特征属性的抽取，构建了能源安全外生警源的数据集，并针对现有能源安全预警方法研究中存在的空白点，融合模糊积分、遗传算法和神经网络，构建了区域能源安全外生警源等级识别的 FI-GA-NN 模型。该模型首先利用模糊积分方法评估出区域能源安全外生警源样本分级预警的期望值，然后通过样本对遗传神经网络进行训练，最后对外生警源测试样本进行等级识别，发现这种模型的识别准确率高，结果符合实际情况，具有可行性。当前，描述区域能源安全警源的特征属性较少，如何把描述性属性这些类别属性加到模型中，仍然需要进一步的研究和完善。

第五，基于案例推理集成的方法对区域能源安全外生警源预警做了相关研究，针对案例推理系统中数据集存在数据缺失的非完备信息问题，利用序关系中的优于关系、劣于关系、等于关系和不确定关系的基本原理，提出了非完备信息的度量及比较方法，并利用集成学习的基本思想，设计了案例推理集成方法（OR-CBR），通过对非完备信息下确定符号属性、确定数值属性、区间数值属性以及模糊语言属性等属性间相似性度量的研究，计算出目标案例与历史案例的相似性矩阵，发现与经典案例推理方法比较，OR-CBR 方法准确率较高。同时，由于 OR-CBR 方法不需要填充缺失数据，因而能更有效地提高案例推理系统的效率，更好地解决非完备信息数据集的案例推理问题。

第六，详细描述了在区域能源安全外生警源识别与预警方法设计的基础上对区域能源安全外生警源预警系统的开发，该系统的开发可以帮助解决我国区域能源安全研究缺少预警支持工具及软件的现实情况。目前，该系统主要包括两大模块：一是用户模块，包括用户管理、权限管理功能；二是功能模块，包括外生警源案例管理、预警方法模块、案例检索模块、案例学习模块、案例修正模块、新案例生成等子模块。此外，该系统的运行主要是根据案例推理预警技术，首先，通过案例表达来构建案例库，案例库中包括历史案例和新案例；其次，对现有的案例相似性度量准则进行改进，提出基于相对排序熵的相似性度量方法，通过最邻近法进行案例检索，得到与新案例最相似的历史案例；再次，通过历史案例复用，得到外生警源新案例建议的预警知识；最后，对新案例的实际情况进行比对分析，通过案例修正确定最终的预警方案，并经过案例学习后将新案例存入案例库中。本系统具有易用性、可维护性、可扩展性等性能，可以有效保证该系统的实用性，并且可以带来良好的用户体验。

9.2　政策建议

保障能源安全对任何国家来说都至关重要，这关系到经济社会的安全与稳定。中国不仅面临着较大的能源需求，还面临着错综复杂的国际国内形势，不管是能源的进口还是自给都存在诸多不确定因素。为了保障区域能源安全，使国内各地区都能获得可靠的充足供给，面对能源价格波动、区域能源政策调整、外部环境变化等外生警源，政府应采取相应的措施进行预防和应对。

9.2.1　推进能源市场化改革

目前，我国多数能源的价格由政府管制，而这种定价机制容易出现能源价格传导迟滞的现象，有时会导致批发价高于零售价，低价能源需求量剧增，能源停供、限供事件的发生。例如，我国油气价格由政府严格管控，且调价机制严重滞后，加上三大公司管道和城市管网存在诸多衔接弊端，导致一些地区出现成品油和天然气供应不足。又如，虽然我国煤炭价格已接近完全市场化，但电力价格始终由政府定价，而煤电联动机制又难以有效疏导煤炭涨价成本，这使得煤炭、电力行业出现严重的收益差距，直接导致电力行业发电意愿降低，电力供应不足。总之，近年来许多地区出现了"煤荒""电荒""拉闸限电""可再生电力窝电""油荒""气荒"等能源安全问题，严重影响了经济社会的和谐发展，一定程度上都与能源市场化机制建设滞后有关。因此，要保障区域能源的供应安全，需要做好区域能源安全外生警源预警，进行能源市场化改革，提升能源供应多样化水平。

推动能源体制改革，形成主要由市场决定的能源价格机制，还原能源的商品属性。构建有效竞争的市场结构和市场体系，发现供需之间的关系，努力实现社会能源需求与供给之间的均衡。推进能源市场化改革，在电力、油气等行业，可以采取政府监管、政企分开、证资分开和特许经营的改革方式，在加强对自然垄断性业务监管的同时，也要放开竞争性业务。在定价方面，对于电力、石油、天然气领域的网络型自然垄断环节，可以由政府来制定定价范围，而对于竞争性环节的价格，则可以让企业进行自主定价。另外，政府还应鼓励民间资本积极参与到石油和天然气管网建设、能源资源勘探开发等项目中来，支持民间资本全面进入可再生能源和新能源产业。政府除了进行鼓励倡导外，还应制定负面清单，对于禁止的内容，让各个企业严格遵守，而对于没有禁止的项目，可以鼓励企业广泛参与，遵循法无禁止均可进入的原则。

在推进能源体制变革的基础上，还要注重能源结构的变革，积极寻找替代能源，努力实现传统能源模式向低碳、清洁可再生能源的转型，丰富能源来源渠道，建立多元能源供应体系。中国的能源供给结构，目前还处于从煤炭时代向油气时代过渡的时期。因此，要按照绿色、集约、安全、高效的原则，发展清洁低碳的煤电资源，加快煤炭清洁高效技术的开发与应用。

9.2.2 实施能源进口多元化战略

当国外能源价格突然上涨时，由于国内能源价格传导迟滞，导致能源进口企业的利润降低，使得能源进口企业在一定程度上会降低能源进口量，从而影响居民的能源供应安全。因此，中国应采取多元化进口能源战略，着力保障能源进口通道安全。出于对地缘政治和经济利益的考虑，世界各国都开始加速对能源及其输运路径控制权的争夺，中国为避免过分依赖单一国家与地区能源供应或海上运输带来的风险，应该建立国际多元供应体系，开创新的运输通道，促进能源进口多元化，以便确保能源供应与输送的安全。

在实施能源进口多元化战略时，一是应以市场贸易和资源开发为合作重点，寻找促进世界各国资源优势互补的合作机会与方法，努力实现降低能源价格波动、能源来源多样化的战略目标，以确保能源供给的稳定性和安全性。二是构建与主要能源生产国之间的能源供应战略联盟，促进与能源输出国的对话，实现互利合作。如中东地区储有丰富的石油资源，政府在面对美国对中东石油依赖性下降时，应该抓住机遇，制定出长远的、有建设意义的中东战略，利用外交途径来降低或避免中东冲突风险，以保障能源供应的安全性；而对于俄罗斯以及中亚等国家，可以与其签订长期能源供给合约来规避因政治冲突等造成的能源供应短缺的风险。三是加强与东亚区域的市场合作交流，主动发掘合作共赢方式。东亚地区的各国家和地区的能源储备量有限，很大程度依赖于能源进口，而为获取长久稳定的能源供应，在国际贸易时，很容易出现竞相加价的现象，导致双输的不利博弈结果。因此，中国应与韩国、日本等国家加强合作交流，不断完善信息交流渠道，在符合国家地区利益的水平上以集体买家形式同卖家谈判，掌握定价的主动权，维护本地区的共同利益。四是中国要积极加强与有关国家的海上安全合作，增强本国对海上运输通道的保护与控制能力。如我国的原油进口主要来自中东、非洲和亚太地区，进口原油的运输量约4/5需要通过马六甲海峡，而从中东到东亚的这条海上经济命脉存在着一系列安全风险。因此，这就要求我国应寻找更多的运输线路和运输手段，加强与有关国家的海上安全合作，提高运输通道的安全性。另外，还应开拓陆地进口渠道的建设，陆地渠道的建设除了能够丰富能源来源以外，还可以降低对海上运输的依赖性，防止在出现海上运输突发情况时，出现能源供应短缺现象。五是中国还应加强与"一带一路"国家的合作交流，加强能源技术、管理、人才的交流，促进能源基础设施方面互联互通，互帮互助，实现能源资源和收益的共享。

9.2.3 加强能源企业自主研发与创新能力

世界能源技术蓬勃发展，特别是一些战略性能源高科技将成为促进国家能源发展的决定性力量，这也直接关乎国家能源安全。另外，由于我国采用的是"低价短缺"的能源政策，且区域能源供需平衡较为脆弱，所以，当区域能源新政出台或相关政策调整时，势必会引发局部地区的能源供需失衡。因此，为了提高我国能源企业在国际中的竞争力，预防政府政策调整可能带来的能源安全事件，政府应引导能源企业进行自主创新，同时企业也应加强其自身的研发能力和管理水平。科学技术是能源发展的动力源泉，通过无限的科技创新能力，能够改变有限的资源约束现状。如日本、美国、欧盟充分认识到科技对保障能源安全的作用，在不同时期均提出通过技术创新提升能源发展的质量，以保障能源安全。

从政府层面来看，一是可以引导能源企业进行自主创新，增强自主研发能力，努力提高我国能源企业在国际间的核心竞争能力。二是促进成熟技术的规模化发展，加快先进技术的推广应用。政府部门可以跟踪监测国内外相关清洁技术的发展现状，评估技术的绿色性、成熟度和商业化潜力，并完善推广机制。政府可以根据我国能源应用的具体情况，采用不同的方式进行推广。如对于可再生能源领域，因为我国已经掌握了一些成熟的发电并网技术，此时，政府可以采用激励政策进行技术的应用推广。然而我国对于分布式能源还处在起步阶段，故可以采用分布式能源一体化解决法案来推进清洁能源的商业可行性，重点对相关技术进行推广。

从能源企业层面来看，一是企业要保证自身技术研发资金的投入，增强技术自主创新的能力，并建立相应的人才培养机制、收益分配机制和成果转化机制。二是企业应加强与海外能源企业的技术合作，打造产、学、研一体化的良好动态模式。三是能源企业应结合自身发展情况，借鉴国际能源巨头的管理经验，改进企业战略，调整组织结构，注重科技研发和人才培养，开发自身的管理优势，提高企业的现代化管理水平。

9.2.4　大力发展非化石能源

因为受到国家节能减排政策的约束，各地区都制定了节能减排目标，而为了完成这一目标，一方面，可采取限制能源使用的措施；另一方面，用能方可能会使用替代能源。无论在上述何种状况下，均有可能使得部分地区出现能源或替代能源短缺，从而引发能源安全事件。因此，为了减少政策提出所带来的能源安全问题，政府应该加强清洁能源的高效利用，适当调整能源结构，大力发展非化石能源。如日本大力推行能源消费多样化政策，增加天然气的使用，发展核能和水力发电，加强对风力发电、太阳能发电、燃料电池以及其他替代能源的开发利用，不断增强能源供应，减少对化石能源资源的依赖。

新能源、可再生能源已经成为世界能源发展的潮流，非化石能源在保障能源安全中的地位越来越高。如美国为了减少对海外石油的依赖，建立了"可再生能源生产激励计划"，加大对新能源技术的研发，并积极探索开发太阳能、生物能、地热资源、风能等多种可再生能源。因此，我国应加强对风能、水能、核能、太阳能以及生物质能等可再生能源的开发利用，增强国内能源供应，并降低能源的对外依存度。一是高效发展风电。推进风电的规模化发展，推动大型风电基地建设，鼓励因地制宜开发小风电，科学建设海上风电项目，形成风能集中开发与分散开发并举的局面。二是积极开发水电。重点推进西南地区大型水电站建设，有序推进小水电开发，科学规划建设一批抽水蓄能电站。三是安全发展核电。将"安全第一"的方针落实到核电规划、研发、设计、建设、运营、退役等全过程，提高核能利用安全性、先进性和经济性。四是扩大利用太阳能。继续通过政策扶持和引导，鼓励太阳能光伏、光热发电技术进步，逐步扩大太阳能发电的应用规模，积极促进太阳能发电市场和产业平衡发展。

另外，清洁能源的财政补贴也能鼓励人们加强对非化石能源的使用，从传统的化石能源消费方式向新能源、可再生能源方向转变。清洁能源的财政补贴方式主要分为三类：投资补贴、消费补贴和电价补贴。投资补贴政策的提出能够调动投资者的投资积极性，有助于拓展清洁能源产业的筹资来源和渠道，增加清洁能源的供给量，从而加速清洁能源产业发展。当前，中国清洁能源的产业化程度并不高，国家财政可以提高投资补贴力度，以此调动企业投资清洁能源的积极性。电价补贴又称价格补贴，补贴原则为"多发电，多获得补贴"。然而，当前我国清洁能源发电量供应较不稳定，发电成本较高，实际发电量与预测水平相差甚远，从而导致清洁能源企业经济效益不佳。在这种情况下，电价补贴可以通过降低清洁能源发电成本的方式增加企业的经济效益，进而推动清洁能源电力的推广和应用。消费补贴主要针对清洁能源的消费补贴者进行补贴，扩大清洁能源需求，推进清洁能源市场发展。当前，我国政府对于清洁能源的投资主要集中于生产研发环节，增加了清洁能源的供给，使新能源难以实现产需平衡，很可能在一定程度上阻碍新能源产业发展。因此，政府应加强对清洁能源消费环节的财政补贴，刺激人们的消费需求。当然，在实施清洁能源财政补贴时，还要健全财政补贴的监督机制。目前，我国在新能源财政补贴方面还缺乏一套健全的长期监督约束机制，使得这项政策的实际使用成效达不到预期效果，结果往往不尽如人意。如之前我国对建立沼气池的家庭和住户给予一定的财政补贴，但得到补贴后，很多沼气池却废弃了，并没有发挥作用。当然，这种现象的出现与其成本有关，但也从侧面反映出我国的财政补贴缺乏相应的评估、监督约束机制。因此，随着新能源的应用与推广，除了要完善清洁能源产业的财政补贴制度以外，还应健全补贴监督机制，使得财政补贴能够真正发挥促进新能源产业发展的作用。

9.2.5 加快能源储备体系建设

外部环境变化可能会诱发局部地区的能源需求量、能源供应量发生突变，导致区域能源安全事件。因此，要完善相关法律法规，加快储备体系建设，增强应对风险的能力。按照资源优化配置原则，统一规划、合理布局、分步实施，加强和完善石油储备体系，尽早启动天然气和天然铀储备，重视煤炭资源特别是稀缺优质的煤炭资源战略储备。复杂的国际能源供需形势对我国能源储备体系建设提出了新要求，需要建立保障能力强、应对灵活性高、多品种相协调的现代能源储备体系。

在建设能源储备体系时，首先，应完善能源储备法律体系。能源储备相关法律的制定，应该重点考虑国家能源储备制度的功能定位问题，功能定位有利于保证国家经济的正常运行。石油资源在能源资源中处于核心地位，甚至可以说保证石油供给安全就是保证国家的安全，因此，必须完善石油储备法律以满足中国经济发展的需要。可以从两个方面来完善石油储备法律：一方面要健全石油行业的管理规定，对主要大石油公司建立必要的监督机制，这种监督机制能在一定程度上避免资源的浪费，从而加速石油储备的顺利进行；另一方面要完善石油储备国际合作制度，国际石油储备先于中国，而且国外石油储备法律更加完善，加强国际合作、吸取外国先进制度的经验，能为中国获得更多的资源利益。

另外，应统筹考虑，科学、合理地布局规划能源储备基地，建设符合国情的能源储备体系。能源储备体系主要包括政府储备、公司储备和中介组织储备。政府储备的优点在于政府可以对能源资源的数量和用途等进行直接决策和管理，拥有很强的可控性。但是在国际竞争形势日趋严峻的局势下，当面临外部环境变化时，如季节变化、自然灾害或者突发情况，仅仅只依靠政府储备是不能够满足市场需求的，这将导致供不应求，能源价格高涨。在欧美、日韩等国家都拥有商业石油公司、民间组织机构的石油储备体系，而且在整个能源储备体系中占有很大份额。目前，"藏油于民"逐渐成为石油储备的常见做法。国际石油储备经验表明，打造一个多元化的石油储备体系，除政府储备以外，还应鼓励公司储备和中介储备加入到能源储备体系中，这样不仅可以加强石油储备力量，而且能够缓解来自外部环境变化带来的能源安全事件。中国的市场很大，民间组织机构众多，拥有很大的储备空间，如果把信誉好、实力强的民间组织机构纳入国家能源储备体系之中，不仅可以节约时间，便于能源储备体系的构建，而且也能极大地减低管理成本。国家应努力构建一个以政府为主导的、政府和企业共同建设的能源储备模式，企业由中央政府注资，利用企业自身的特点，将中央政府与企业的权利与义务相结合，中央和地方政府进行监督，企业实事求是地建设能源储备基地。在建立能源储备基地的过程中，要考虑政府和企业财力，既要设定阶段性的目标，又要根据国内外能源整体形势的变化及时调整目标，这样更符合中国特色社会主义道路。

9.2.6　加强能源输配网络建设

由于能源生产地区的供给量会受到能源消费、社会经济环境等内外部因素的影响，因此，该地区的能源供应政策可能在不同情境下做出应变性的调整，而这一调整势必会导致能源供应量发生突变，从而可能使得部分能源需求地区出现能源供应缺口。如 2011 年，重庆地区因贵州省煤炭能源产地突然对煤炭外销和运输实行严格控制，致使电煤出现供应紧张。另外，除了供应政策的调整以外，能源的运力不足，也将影响能源的供给状况。如我国铁路运煤市场化程度很低、铁路运力严重不足，已成为制约煤炭供应的瓶颈，这既导致公路长距离运煤等低效行为频现，又导致多地区、许多电厂煤炭供应经常性不足。面对能源供应政策的调整和能源运力不足的问题，除了进行能源储备体系的建设外，还应加强能源输配网络的建设。

北美与欧洲等发达地区与国家已经形成了自动控制、标准统一与供气安全的区域油气输配管网，大幅降低了供气成本与风险。为保证多样化能源的消纳和使用，中国也应加强油气管网建设。目前，中国已经建立了多个 LNG 码头，主要分布在浙江、广东和山东等东部沿海地区，同时，在经济发达省份还建设了若干条输气干线，形成了以 LNG 为主体的沿海天然气输送通道，并与全国天然气主干管网相连接，以此向各发达地区供气。因此，中国应以"西气东输"为主干线，形成沿海 LNG 管道、国产气管线和进口气管线互联互通的全国天然气大管网，实现各气源综合利用，互相连接、合理配置的优化局面。除天然气以外，在电力能源方面，为了扩大"西电东送"的规模和实施"北电南送"工程，我国一直致力于研发远距离大容量输电技术，以便缓解由于能源供应政策调整带来的区域能源短缺问题。

9.2.7 完善能源预警应急体系

在日常生活中，当遇见突发的应急事件时，可能会对能源生产及供应产生很大影响，导致能源安全事件的发生。如 2013 年的中石化青岛黄潍输油管线爆燃事件，就使得输油、燃气、供电的多条管线受损，产生了局部地区的能源安全事件。因此，为了预防和应对突发事件的发生，我国应建立能源安全预测预警及应急机制，做好能源安全应急预案，有效保障能源供应安全，支撑经济社会的可持续发展。要逐步建立和完善包括法律法规体系、组织机构和决策机构、信息采集分析发布系统、不同品种不同等级的应急预案和国际互助合作协议在内的能源安全预警应急体系，准确判断能源安全运行状况，采取与之相配套的应急措施，发挥其防范和应对能源安全风险的功能。

第一，不断完善能源统计体系。当前，我国应利用研究和建立能耗的指标体系、监测体系和考核体系的有利契机，进一步规范能源的统计体系；出台相关规定，明确各统计部门、行业协会和能源企业在能源统计方面的责任；尽快建立统计数据的监测评估机制。

第二，加强预测预警方法研究。能源预测预警模型的建立对于做好我国能源预测预警工作至关重要。我国的能源预测预警刚刚起步，虽然国内的模型研究借鉴了国际上较为先进的 MARKAL 模型，但还要从我国的实际情况出发，加强研究投入，完善模型体系设计，建立符合我国国情的模型体系。

第三，促进国际合作交流。我国能源安全预测预警系统建设也应广泛开展国际合作；在数据信息方面，继续加强与包括 IEA 等机构在内的数据交换机制，促进与欧盟统计局和 OPEC 的交流；在管理经验方面，要充分借鉴国际上的先进经验，在管理体制和机制上逐步科学化；在研究成果方面，要充分吸收各国和有关国际组织的研究成果，设计符合我国国情的预测预警系统。

第四，制定能源安全事件应急预案。区域能源安全事件具有突发性、蔓延性等特点，在区域能源安全外生警源预警框架下，应对预案模块主要是根据诱发区域能源安全事件的类型、特点和影响程度，构建防止此类能源安全事件突发的应对方案，从而使得整个区域能源安全系统能在区域能源安全外生警源爆发时，提供有效的控制措施。

9.2.8　完善能源金融衍生品市场

国际能源市场包括两个市场——期货市场和现货市场。能源期货市场的存在能在一定程度上引导能源现货市场的价格，并缓解价格波动。因此，中国可以对能源衍生品市场进行不断完善，调节能源市场供求，减缓能源安全事件带来的影响。美国、日本等发达国家都建立了较为完善的能源期货市场，并在一定程度上影响着国际能源价格的走势。

目前，中国能源市场还处在相对垄断、有限开发的阶段，能源工业体制改革缓慢，能源期货市场刚刚起步。2004 年 8 月 25 日，由上海期货交易所推出的燃料油（180CST）期货目前已成为全球第三大能源期货期权品种，并与国际市场和国内现货价格形成了联动模式。2013 年底，中国在上海自贸区设立上海国际能源交易中心，并在 2015 年开始推出原油期货合约。中国希望以石油期货为突破口，通过该中心进行远期交易以降低近期石油价格风险，逐步打破欧美国家对国际能源价格的垄断，并在此过程中不断提升中国的话语权，不断提高中国在国际能源市场的参与能力、影响能力和控制能力，争取至少推出在亚洲地区具有影响力的石油基准价格，推动其成为全球原油价格的一大基准，最终与美国得克萨斯州的中质油和英国布伦特原油期货平起平坐，以在国际贸易和能源进口中占据有利地位。2015 年 7 月 1 日，由中国国家发改委、国家能源局和新华社共同推动的上海石油天然气交易中心成立并开始试运行，并已诞生首单管道天然气现货交易。该中心定位于建成立足中国、辐射亚太的国际性石油天然气交易中心，计划首先开展天然气交易，运用挂牌协商和竞价两种交易模式，对管道天然气（PNG）、液化天然气（LNG）以及液化天然气接收站窗口期三个品种进行交易。随着未来交易规模的不断扩大和国际化水平的不断提升，通过建设世界级的现代化能源交易平台、信息平台和金融平台，该中心将向国际油气市场推出能反映中国乃至亚洲地区的公平合理的价格，力争逐步建设成为辐射东北亚、东南亚地区乃至整个亚太地区的石油天然气贸易枢纽和定价中心。这是我国争取国际油气定价权，从能源价格上保障能源安全的又一次积极突破。中国应推动能源体制革命，坚定不移地进行能源市场改革，打破能源供应垄断，实施能源市场准入机制、培育能源市场交易主体、构建有效竞争的市场结构和体系、推进能源期货市场体系建设从而有效发挥市场需求机制的作用，调整能源供需结构，合理规避能源价格波动风险。

附录 区域能源安全外生警源案例数据

序号	发生时间	发生地点	事件	能源类型	波及范围（地区数）	持续时间（月）	损失程度	能源缺口程度	社会反响	诱发原因	警源等级	类别属性	解决方案
1	1999-04	北京	房山变电站的系统解列事故	电	1	0.05	很小	非常小	很小	突发事件	0	不预警	①网调命令房山站迅速隔离故障点，同时命令河北中调和北京三热电厂负责调整地区频率；②通知北京区调事故情况，防止区调在负荷倒路过程中出现非同期事故
2	2000-06	广东	局部地区出现拉闸限电现象	电	1	4	小	很小	小	季节交替变化	2	预警	①对现有机组加强维护；②加强电网调度，优化运行方；③加大购买西电的力度；④加快电厂建设进度

续表

序号	发生时间	发生地点	事件	能源类型	波及范围（地区数）	持续时间（月）	损失程度	能源缺口程度	社会反响	诱发原因	警源等级	类别属性	解决方案
3	2000-09	锦州	石化分公司火灾	石油	1	0.1	很小	非常小	很小	突发事件	0	不预警	①认真地排查、纠正事故隐患；②对发生能源安全事件的企业进行整改；③对企业负责人及员工进行安全教育和培训
4	2003-03	长江三角洲	由于季节交替，长江三角洲在3月过早出现拉闸限电现象	电	3	8	大	很大	非常大	季节交替变化	4	预警	①通过消费政策和经济杠杆引导民众节能；②错峰用电；③企业购置自发电设备和对发电进行补贴；④监控企业在规定时段的用电负荷
5	2003-07	山西、江苏、上海、安徽、福建、河南、湖北、重庆、广东、云南、宁夏等18个地区	由于夏季用电过多，电力装机不足	电	18	2	非常大	非常大	非常大	季节交替变化	5	预警	①加大电力建设投资规模；②保证电网和电源建设协调发展；③确保电网安全稳定运行；④引导社会合理用电；⑤运用灵活合理的电价政策，缓解电力紧张状况
6	2003-08	广州	"油荒"	石油	1	5	中等	中等	大	能源价格变化	3	预警	限量供应

续表

序号	发生时间	发生地点	事件	能源类型	波及范围(地区数)	持续时间(月)	损失程度	能源缺口程度	社会反响	诱发原因	警源等级	类别属性	解决方案
7	2003-11	长江三角洲	"煤荒"	煤	3	6	大	大	很大	能源价格变化	4	预警	①想尽一切办法四处买煤；②政府向一些产煤省份发函，商请支持
8	2003-11	上海	"油荒"	石油	3	1	中等	大	大	能源价格变化	3	预警	限量供应
9	2003-12	重庆	开县天然气井喷	天然气	1	0.1	小	很小	很小	突发事件	0	不预警	①疏散转移；②搜救安顿；③灾民返乡；④安置善后
10	2004-03	长江三角洲	由于季节交替，长江三角洲在3月过早出现拉闸限电现象	电	3	8	大	很大	很大	季节交替变化	4	预警	①进行节能宣传；②错峰用电；③企业购置自发电设备和对发电进行补贴
11	2004-11	长江三角洲	严重"煤荒"	煤	3	6	大	很大	大	能源价格波动	4	预警	召开能源战略高层论坛

续表

序号	发生时间	发生地点	事件	能源类型	波及范围（地区数）	持续时间（月）	损失程度	能源缺口程度	社会反响	诱发原因	警源等级	类别属性	解决方案
12	2004-12	北京	严重"气荒"	天然气	1	3	小	中等	中等	季节交替变化	2	预警	①启动紧急预案；②提前实现陕京输气管道二线承清一五段和天然气应急工程采育一五环工程
13	2005-01	上海、湖南、湖北、江苏、安徽、浙江、山西、福建、河南、广东、甘肃、青海、宁夏、北京、天津、河北、重庆、四川、云南、贵州、广西	入冬以来受经济快速增长和气温偏低等因素共同影响，21个省份拉闸限电	电	21	1	非常大	非常大	大	季节交替变化	5	预警	①开展节前安全生产大检查，消除安全隐患；②做好重点变电站，发电厂的紧急处理预案；③加强需求侧管理，安排好工业用户的错、避、让，确保民众生活用电不受影响；④督促并网电厂做好储煤
14	2005-04	江苏盱眙	风致电网倒塔事故	电	1	0.1	很小	很小	小	自然灾害	0	不预警	①抢修设备；②对发生安全事件的企业进行整改；③对企业进行安全教育
15	2005-06	江苏	受台风影响，泗阳出现电力倒塔事故	电		0.1	很小	很小	非常小	自然灾害	0	不预警	①国家电网公司迅速做出反应，立即启动应急机制；②按照事故处理预案进行协调作战，发生电网大面积停电事故

续表

序号	发生时间	发生地点	事件	能源类型	波及范围（地区数）	持续时间（月）	损失程度	能源缺口程度	社会反响	诱发原因	警源等级	类别属性	解决方案
16	2005-06	上海、湖南、湖北、江苏、安徽、福建、河南、广东、浙江、山西、甘肃、青海、宁夏、北京、天津、河北、重庆、四川、云南、贵州、广西、辽宁、内蒙古、陕西、江西	全国已有25个省级电网出现拉闸限电现象	电	25	3	非常大	非常大	非常大	季节交替变化	5	1	①国家电网公司强化技术改造和措施；②国家新增发电装机容电网；③进行电价改革
17	2005-07	湖北黄州	龙卷风造成倒塔事故	电	1	0.1	小	很小	很小	自然灾害	0	不预警	进行抢修
18	2005-07	珠江三角洲、逐渐波及上海、南京、武汉、昆明、黑龙江	严重"油荒"	石油	8	6	很大	很大	很大	季节交替变化	4	预警	①在国家和有关部门的重视和支持下，中石化和中石油公司紧急增调8万吨汽油供应广东市场；②中央财政决定给予中石化集团公司一次性补偿人民币近100亿元

续表

序号	发生时间	发生地点	事件	能源类型	波及范围（地区数）	持续时间（月）	损失程度	能源缺口程度	社会反响	诱发原因	警源等级	类别属性	解决方案
19	2005-08	华南地区	由于价格"倒挂"出现油荒	石油	3	1	中等	中等	中等	能源价格变化	3	预警	①8万吨成品油运往华南市场；②中石油、中石化还将有50万吨成品油运往广东
20	2005-09	海南	9月16日第18号台风"达维"使海南电网全面瓦解	电	1	0.01	大	大	很大	自然灾害	4	预警	按照预定方案，首次紧急启用"黑启动"方案
21	2005-11	天津	"油荒"	石油	3	6	小	中等	中等	能源价格变化	2	预警	①提高零售价格；②政府对零售企业加强监管
22	2005-12	中国多个省市	"气荒"	天然气	12	2	很大	很大	很大	能源价格波动	4	预警	国家发改委发布特急通知——《关于加强液化气价管理的通知》

续表

序号	发生时间	发生地点	事件	能源类型	波及范围（地区数）	持续时间（月）	损失程度	能源缺口程度	社会反响	诱发原因	警源等级	类别属性	解决方案
23	2006-07	河南、湖南、湖北、江西	华中电网事故	电	4	0.05	中等	大	中等	突发事件	3	预警	河南省电力调度中心紧急停运部分机组，迅速拉限部分地区负荷，稳定系统电压
24	2006-08	浙江、福建	受台风"桑美"影响受电力系统受到破坏	电	2	0.05	小	小	中等	自然灾害	2	预警	①超前部署，积极应对；②全力抢修电网
25	2007-03	辽宁	遭遇暴风雪袭击，电网受到破坏	电	1	0.2	很小	小	小	自然灾害	1	预警	①启动辽宁电网应对突发事件应急处置预案；②东北网调全力支援和各发电厂积极配合
26	2007-09	上海、广东、浙江、湖南、贵州、广西、北京、山西、山东、河北、江苏、江西、云南、陕西、河南	由于价格"倒挂"出现"油荒"	石油	15	4	非常大	非常大	非常大	能源价格波动	5	预警	①中央17个部门联合举办"节能减排全民行动"系列活动；②10月31日，国家发展和改革委员会发出通知，决定自11月1日零时起将汽油、柴油和航空煤油价格每吨各提高500元；③中石油、中石化全面停批保零

续表

序号	发生时间	发生地点	事件	能源类型	波及范围（地区数）	持续时间（月）	损失程度	能源缺口程度	社会反响	诱发原因	警源等级	类别属性	解决方案
27	2008-01	上海、浙江、江苏、安徽、江西、河南、湖北、湖南、广东、广西、四川、重庆、云南、陕西、甘肃、青海、宁夏、新疆	由于暴雪引发"煤荒"	煤	19	1	非常大	非常大	非常大	自然灾害	5	预警	①启动停电一级应急响应；②为了确保电煤供应，国家紧急调动铁路、公路、水路的运力，向发电企业运送电煤；③加强地区间的协调
28	2008-01	上海、浙江、江苏、安徽、江西、河南、湖北、湖南、广东、广西、四川、重庆、云南、陕西、甘肃、青海、宁夏、新疆	由于暴雪引发"电荒"，全国19省拉闸限电	电	19	1	非常大	非常大	非常大	自然灾害	5	预警	①召开全国煤电油运保障工作电视电话会议，就有关工作进行部署；②对企业及个人用户进行有序供电；③启动停电一级应急响应
29	2008-03	广东、广西、云南、江西、湖北、上海、河南	由于国际油价上涨，华南地区引发"油荒"并很快席卷南方	石油	7	3	中等	中等	大	能源价格变化	3	预警	①大石油集团纷纷采取加大进口量，增产成品油等措施缓解紧张局面；②政府已通过实施财政和税收双重补贴政策给予两大公司补偿；③国家多部门下发通知，严禁私自涨价

续表

序号	发生时间	发生地点	事件	能源类型	波及范围（地区数）	持续时间（月）	损失程度	能源缺口程度	社会反响	诱发原因	警源等级	类别属性	解决方案
30	2008-05	四川	由于汶川地震，电力系统瘫痪	电	1	0.1	很大	很大	非常大	自然灾害	4	预警	①启动四川电力调度应急预案；②建立四川电力调度指挥所和南充备调；③地区四川电网应急预案；④启动四川电力系统震后设备检查和维修
31	2008-07	山东	煤炭价格高涨，出现"煤荒"	煤	1	2	中等	大	中等	能源价格变化	3	预警	提升电价，减少电煤价格提升所带来的亏损
32	2008-07	山东	出现10年来最严重"电荒"	电	1	2	大	中等	中等	能源价格变化	3	预警	①拉闸限电，②部分发电机组停机；③发电企业上网电价调整；④制定《关于进一步加强全省电力生产与供应管理工作的意见》
33	2008-07	浙江、江苏、上海、江西、湖北、湖南、安徽	出现5年来最严重"煤荒"	煤	7	2	很大	很大	很大	能源价格变化	4	预警	①拉闸限电，②中国华能集团公司与山西焦煤集团有限责任公司、大同煤矿集团有限责任公司等多个煤炭大户签订了中长期煤炭购销协议

续表

序号	发生时间	发生地点	事件	能源类型	波及范围（地区数）	持续时间（月）	损失程度	能源缺口程度	社会反响	诱发原因	警源等级	类别属性	解决方案
34	2008-07	浙江、江苏、上海、江西、湖北、湖南、安徽	出现5年来最严重"电荒"	电	7	2	很大	很大	非常大	能源价格变化	4	预警	①拉闸限电；②中国华能集团公司与山西焦煤集团有限责任公司、大同煤矿集团有限责任公司等多个煤炭大户签署了中长期煤炭购销协议
35	2008-07	大部分地区	出现"气荒"	天然气	1	3	小	小	中等	能源价格变化	2	预警	①采取"限时限供"措施；②联手法国液化空气集团投资60亿元人民币开发利用天然气资源；③建设西气东输二线工程以及中石化榆林—济南管线
36	2009-08	内蒙古	天然气过剩的"荒气"	天然气	1	1	小	很小	很小	能源价格变化	0	不预警	出台了经济刺激计划
37	2009-08	江苏	天然气过剩的"荒气"	天然气	1	1	小	很小	很小	能源价格变化	0	不预警	出台了经济刺激计划

续表

序号	发生时间	发生地点	事件	能源类型	波及范围（地区数）	持续时间（月）	损失程度	能源缺口程度	社会反响	诱发原因	警源等级	类别属性	解决方案
38	2009-09	武汉	9月4—14日全城停气，由于中石油塔里木油田克拉2号中央天然气处理厂停产	天然气	1	0.3	中等	小	中等	能源供应量突变	3	预警	在郊区兴建天然气高压环网，建成后可以保证气源的安全
39	2009-11	武汉、西安、南京、杭州	由于暴雪全国多地出现"气荒"	天然气	4	0.5	很大	很大	非常大	自然灾害	4	预警	①中石化安排新一轮增供；②中石油加快上马储气库
40	2009-11	重庆	中石油西南油气田公司产量减少导致重庆出现"气荒"	天然气	1	0.5	小	中等	中等	能源供应量突变	3	预警	①错峰加气；②限制加气；③加收出租车燃油附加费

续表

序号	发生时间	发生地点	事件	能源类型	波及范围（地区数）	持续时间（月）	损失程度	能源缺口程度	社会反响	诱发原因	警源等级	类别属性	解决方案
41	2009-11	武汉	"气荒"	天然气	1	0.5	小	很小	小	季节交替变化	2	预警	①中石油额外"支援"武汉20万立方米天然气供应；②市政府常务会上决定，斥资2亿元，建设应急天然气储气站；③加快天然气高压外环线工程的建设，接收西气东输气源
42	2009-12	华东、华北地区	京冀晋突降暴雪，山西、河北、河南煤炭难以外运，多地出现电煤短缺	煤	11	1	非常大	非常大	非常大	自然灾害	5	预警	①启动应急预案；②煤炭调度；③加紧清理积雪
43	2009-12	上海、江苏、湖北、河南、湖南	煤荒号致拉闸限电	电	5	1	很大	很大	非常大	能源供应量突变	4	预警	拉闸限电，错峰使用天然气
44	2010-03	武汉	武汉"气荒"卷土重来，部分企业令起再遇限供	天然气	1	0.5	小	小	中等	季节交替变化	2	预警	①按照调度预案，限制供应天然气；②采取错峰用气

续表

序号	发生时间	发生地点	事件	能源类型	波及范围(地区数)	持续时间(月)	损失程度	能源缺口程度	社会反响	诱发原因	警源等级	类别属性	解决方案
45	2010-04	青海玉树	玉树地震导致电网中断	电	1	0.1	中等	中等	大	自然灾害	3	预警	①青海省电力公司迅速成立了抢险领导小组，启用应急发电设备，应急照明装置支援灾区
46	2010-07	大连	中石油大连新港输油管道爆炸起火	石油	1	0.5	小	很小	很小	突发事件	0	不预警	①封锁区域，扑灭明火；②清理油污
47	2010-09	广西、广东、江苏、浙江、四川、陕西、甘肃、山西、内蒙古、江西、福建、湖北、湖南、云南	各地为完成节能减排而采取式限电，继而导致不少工厂大量购买柴油发电，出现"油荒"	石油	14	4	非常大	非常大	非常大	能源政策调整	5	预警	①10月26日发改委上调油价；②中石化紧急进口柴油；③中石油宣布，公司11月3日的原油日加工量已首次突破40万吨

续表

序号	发生时间	发生地点	事件	能源类型	波及范围（地区数）	持续时间（月）	损失程度	能源缺口程度	社会反响	诱发原因	警源等级	类别属性	解决方案
48	2010-10	大连	中石油大连新港"7·16"爆炸油罐复燃	石油	1	0.1	很小	很小	非常小	突发事件	0	不预警	①封锁区域，扑灭明火；②清理油污
49	2010-10	山西	由于"低价煤荒"，电厂对高能耗企业拉闸限电	电	1	4	中等	中等	大	能源价格变化	3	预警	外购低价煤
50	2010-11	浙江、江苏、湖南	各地为完成节能减排指标而突击式限电	电	3	2	大	很大	很大	能源政策调整	4	预警	工厂大量购买柴油发电

续表

序号	发生时间	发生地点	事件	能源类型	波及范围（地区数）	持续时间（月）	损失程度	能源缺口程度	社会反响	诱发原因	警源等级	类别属性	解决方案
51	2011-01	湖北、湖南、江西、江苏、上海、山西	由于"低价煤荒"，电厂开始对高能耗企业拉闸限电	电	6	1	很大	很大	非常大	能源价格变化	4	预警	对部分高耗能企业实施拉闸限电
52	2011-01	山西、陕西、河南	当地煤炭企业高价把煤卖给省外电厂，本省只能外购低价煤	煤	3	1	大	很大	很大	能源供应量突变	3	预警	外购低价煤
53	2011-05	浙江、上海	拉闸限电	电	2	3	中等	小	中等	季节交替变化	2	预警	错峰、避峰用电和限电
54	2011-06	渤海湾	中海油渤海湾漏油事故（蓬莱、秦皇岛）	石油	2	1	很小	很小	很小	突发事件	0	不预警	①油田完全关闭运营；②清理污染；③赔偿溢油事故对海洋生态造成的损失，并承担保护渤海环境责任

续表

序号	发生时间	发生地点	事件	能源类型	波及范围（地区数）	持续时间（月）	损失程度	能源缺口程度	社会反响	诱发原因	警源等级	类别属性	解决方案
55	2011-08	大连	中石油大连石化公司火灾	石油	1	0.1	小	很小	很小	突发事件	0	不预警	①封锁区域，扑灭明火；②隐患排查
56	2011-10	四川、重庆、江苏、浙江、湖北、山东、河北	出现"油荒"	石油	7	2	很大	很大	非常大	能源价格变化	4	预警	两大石油公司紧急调运，增加市场供应
57	2011-12	山东	出现"气荒"	天然气	2	1	大	中等	大	季节交替变化	2	预警	对大中型工业用气企业限气
58	2011-12	湖南	出现"气荒"	天然气	2	1	小	小	中等	季节交替变化	2	预警	对大中型工业用气企业限气
59	2012-04	广东深圳	电网设备突然爆炸	电	1	0.05	很小	小	小	突发事件	1	预警	①抢修设备；②广东电网立即组织开展全面的电网隐患排查治理工作

续表

序号	发生时间	发生地点	事件	能源类型	波及范围（地区数）	持续时间（月）	损失程度	能源缺口程度	社会反响	诱发原因	警源等级	类别属性	解决方案
60	2012-11	北京、湖北、江苏、浙江、内蒙古、湖南、山东、河北、陕西	多地出现气紧、气荒和加重的"气荒"现象	天然气	9	2	很大	很大	非常大	季节交替变化	4	预警	①启动紧急供应预案；②按照天然气利用政策，调整其他行业用气，按顺序压缩民生用气，优先保障民生用气；③采取多种措施增加资源有效供应
61	2012-12	云南	"油荒"	石油	1	1	小	小	中等	季节交替变化	2	预警	中石油云南1000万吨/年炼油项目获国家审批
62	2013-07	安徽合肥	十级狂风突袭合肥，城区大面积停电	电	1	0.05	大	中等	很大	自然灾害	3	预警	经电力部门抢修部分电路恢复供电
63	2013-04	四川雅安	雅安地震使电力系统中断	电	1	0.1	很大	很大	非常大	自然灾害	4	预警	①电力公司全面抢修；②各地支援

续表

序号	发生时间	发生地点	事件	能源类型	波及范围（地区数）	持续时间（月）	损失程度	能源缺口程度	社会反响	诱发原因	警源等级	类别属性	解决方案
64	2013-11	广西沿海地区（北海、钦州、防城港）	第30号台风"海燕"使电力系统中断	电	1	0.1	中等	大	大	自然灾害	3	预警	经电力部门抢修部分电路恢复供电
65	2013-11	山东青岛	中石化输油管道爆炸	石油	3	0.5	很大	大	非常大	突发事件	4	预警	①黄岛油库关闭输油阀门；②在入海口处布设了两道围油栏，清理油污
66	2013-11	北京、天津、河北、山西、内蒙古、云南、四川、陕西、贵州、重庆	"气荒"	天然气	10	2	非常大	非常大	非常大	季节交替变化	5	预警	①发改委、国家能源局连发两份文件，要求在多渠道筹措气源、增加天然气市场供应的同时，切实落实"煤改气"项目的气源和供气合同；②加强与资源国的衔接协商，尽可能增加天然气进口
67	2014-02	吉林、陕西、内蒙古	由于季节交替，冬季出现"气荒"	天然气	3	3	中等	中等	大	季节交替变化	3	预警	①实施"煤改气""油改气"等环保项目；②阶梯气价方案

续表

序号	发生时间	发生地点	事件	能源类型	波及范围（地区数）	持续时间（月）	损失程度	能源缺口程度	社会反响	诱发原因	警源等级	类别属性	解决方案
68	2014-07	河南郑州	"有序用电"拉闸限电	电	1	0.1	小	小	中等	季节交替变化	2	预警	加大变电站建设力度，技术手段调控，增加故障抢修力量
69	2014-07	海南、广西	南方电网受"威马逊"台风影响，电力中断	电	2	0.1	中等	中等	大	自然灾害	3	预警	①启动应急响应，部署应急防御工作；②紧急抢修，恢复供电
70	2015-03	北京	华能北京热电机组发生爆炸燃烧	电	1	0.1	小	很小	很小	突发事件	0	不预警	国家能源局和北京市委市政府高度重视，立即启动应急响应
71	2016-02	四川省雅安、甘孜两地	雅安、甘孜两地突降暴雪，共计12万多用户供电中断	电	2	0.1	很大	很大	很大	自然灾害	4	预警	国网四川省电力公司迅速启动应急响应，省电力启动三级应急响应，24小时抗冰保电
72	2017-08	山西省	山西省发生多起煤矿事故，对出现事故和存在隐患的煤矿企业停产整顿	煤	1	0.2	小	小	中等	突发事件	1	预警	①将出现重大隐患的企业列为"不放心单位"，出现事故的企业停产整顿一周；②对全省煤矿企业进行安全检查、全面整改

参考文献

［1］ Ahmad N A, Abdul-Ghani A A. Towards Sustainable Development in Malaysia: In the Perspective of Energy Security for Buildings ［J］. Procedia Engineering, 2011, 20: 222-229.

［2］ Cherp A, Jewell J. The Concept of Energy Security: Beyond the Four As ［J］. Energy Policy, 2014, 75: 415-421.

［3］ Andreas Löschel, Ulf Moslener, Dirk T G Rübbelke. Indicators of Energy Security in Industrialised Countries ［J］. Energy Policy, 2009, 38（4）: 1665-1671.

［4］ Ang B W, Choong W L, Ng T S. Energy Security: Definitions, Dimensions and Indexes ［J］. Renewable & Sustainable Energy Reviews, 2015, 42: 1077-1093.

［5］ Asif M, Muneer T. Energy Supply, Its Demand and Security Issues for Developed and Emerging Economies ［J］. Renewable & Sustainable Energy Reviews, 2007, 11（7）: 1388-1413.

［6］ Badea A C, Tarantola S, Bolado R. Composite Indicators for Security of Energy Supply Using Ordered Weighted Averaging ［J］. Reliability Engineering & System Safety, 2011, 6（6）: 651-562.

［7］ Benjamin K Sovacool. Evaluating Energy Security in the Asia Pacific: Towards a More Comprehensive Approach ［J］. Energy Policy, 2011, 39（11）: 7472-7479.

［8］ Bielecki J. Energy Security: Is the Wolf at the Door? ［J］. Quarterly Review of Economics & Finance, 2002, 42（2）: 235-250.

［9］ Bohi D R, Toman M A. The Economics of Energy Security ［M］. Boston: Kluwer Academic Publishers, 1996.

［10］ Cabalu H. Indicators of Security of Natural Gas Supply in Asia ［J］. Energy Policy, 2010, 38（1）: 218-225.

［11］ Chang Z P, Cheng L S. Grey Fuzzy Integral Correlation Degree Decision Model Based on Mahalanobis-Taguchi Gram-Schmidt and ϕ_{-}s Transformation ［J］. Control & Decision, 2014, 29（7）: 1257-1261.

［12］ Cherp A, Jewell J. The Three Perspectives on Energy Security: Intellectual History, Disciplinary Roots and the Potential for Integration ［J］. Current Opinion in Environmental Sustainability, 2011, 3 (4): 202-212.

［13］ Chester L. Conceptualising Energy Security and Making Explicit Its Polysemic Nature ［J］. Energy Policy, 2010, 38 (2): 887-895.

［14］ Chloé Le Coq, Elena Paltseva. Measuring the Security of External Energy Supply in the European Union ［J］. Energy Policy, 2009, 37 (11): 4474-4481.

［15］ David Von Hippel, Timothy Savage, Peter Hayes. Introduction to the Asian Energy Security Project: Project Organization and Methodologies ［J］. Energy Policy, 2008, 39 (11): 6712-6718.

［16］ Deese D A. Energy: Economics, Politics, and Security ［J］. International Security, 2014, 4 (3): 140-153.

［17］ Dorian J P, Franssen H T, Simbeck D R. Global Challenges in Energy ［J］. Energy Policy, 2006, 34 (15): 1984-1991.

［18］ E C. A European Strategy for Sustainable, Competitive and Secure Energy ［M］. Brussels: European Commission, 2006.

［19］ Edgard Gnansounou. Assessing the Energy Vulnerability: Case of Industrialised Countries ［J］. Energy Policy, 2008, 36 (10): 3734-3744.

［20］ Einari Kisel, Arvi Hamburg, Mihkel Härm, et al. Concept for Energy Security Matrix ［J］. Energy Policy, 2016, 95: 1-9.

［21］ Eshita Gupta. Oil Vulnerability Index of Oil-importing Countries ［J］. Energy Policy, 2007, 36 (3): 1195-1211.

［22］ Forrester J W. The System Dynamics National Model: Macrobehavior from Microstructure ［A］ // Computer-Based Management of Complex Systems ［M］. Berlin: Springer Berlin Heidelberg, 1989.

［23］ Forrester J W. Industrial Dynamics: A Breakthrough for Decision Makers ［J］. Harvard Business Review, 1958, 36 (4): 37-66.

［24］ Gerven T V, Block C, Geens J, et al. Environmental Response Indicators for the Industrial and Energy Sector in Flanders ［J］. Journal of Cleaner Production, 2007, 15 (10): 886-894.

［25］ Greene D L. Measuring Energy Security: Can the United States Achieve Oil Independence? ［J］. Energy Policy, 2010, 38 (4): 1614-1621.

［26］ Gupta E. Oil Vulnerability Index of Oil-importing Countries ［J］. Energy Policy, 2008, 36 (3): 1195-1211.

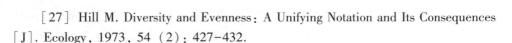
［27］Hill M. Diversity and Evenness：A Unifying Notation and Its Consequences ［J］. Ecology, 1973, 54（2）：427-432.

［28］International Energy Agency（IEA）. Contribution of Renewables to Energy Security ［R］. Paris：IEA, 2007：1-7.

［29］International Energy Agency（IEA）. Energy Security and Climate Policy：Assessing Interactions ［R］. Paris：IEA, 2007：120-147.

［30］International Energy Agency（IEA）. Energy Technology Policy ［R］. Paris：IEA, 1985：29.

［31］Joint Energy Security of Supply Working Group（JESS）. First Report of the DTI- of gem Joint Energy Security of Supply Working Group ［R/OL］. http：// www. dti. gov. uk/energy/domestic_ markets/security_ of_ supply/jessreport1. pdf, 2002.

［32］Jutamanee Martchamadol, S Kumar. An Aggregated Energy Security Performance Indicator ［J］. Applied Energy, 2013, 103：653-670.

［33］Kolodner J L. Case-Based Reasoning：Morgan-Kaufman ［J］. Bulletin of the Korean Mathematical Society, 1993（1）：5-16.

［34］Kolodner J L. Improving Human Decision Making Through Cased-based Reasoning Techniques ［J］. AI Magazine, 1991, 12（3）：52-59.

［35］Le Coq C, Paltseva E. Measuring the Security of External Energy Supply in the European Union ［J］. Energy Policy, 2009, 37（11）：447-448.

［36］Leung G C K. China's Energy Security：Perception and Reality ［J］. Energy Policy, 2011, 39（3）：1330-1337.

［37］Lixia Yao, Youngho Chang. Energy Security in China：A Quantitative Analysis and Policy Implications ［J］. Energy Policy, 2014, 67（4）：595-604.

［38］Löschel A, Moslener U, Rübbelke D. Indicators of Energy Security in Industrialized Countries ［J］. Energy Policy, 2010, 38（4）：1665-1671.

［39］Luo Yixin. Research on the Current Situations and Countermeasures for the Energy Security in China ［J］. Energy Procedia, 2011, 5：261-265.

［40］McFalls Michael S. The Role and Assessment of Classical Market Power in Joint Venture Analysis ［J］. Antitrust Law Journal, 1998, 66（3）：651-700.

［41］Mirjana Radovanović, Sanja Filipović, Dejan Pavlović. Energy Security Measurement-A Sustainable Approach ［J］. Renewable and Sustainable Energy Reviews, 2017, 68：1020-1032.

［42］Müller-Kraenner S. Energy Security：Re-measuring the World ［M］. London: Earthscan Publications, 2008.

［43］Narula K, Reddy B S. Three Blind Men and an Elephant: The Case of Energy Indices to Measure Energy Security and Energy Sustainability ［J］. Energy, 2015, 80: 148-158.

［44］Qudrat-Ullah H, Seong B S. How to Do Structural Validity of a System Dynamics Type Simulation Model: The Case of an Energy Policy Model ［J］. Energy Policy, 2010, 38（5）: 2216-2224.

［45］Salameh M G. The New Frontiers for the United States Energy Security in the 21st Century ［J］. Applied Energy, 2003, 76（1）: 135-144.

［46］Sovacool B K, Mukherjee I, Drupady I M, et al. Evaluating Energy Security Performance from 1990 to 2010 for Eighteen Countries ［J］. Energy, 2011, 36（10）: 5846-5853.

［47］Sovacool B K, Mukherjee I. Conceptualizing and Measuring Energy Security: A Synthesized Approach ［J］. Energy, 2011, 36（8）: 5343-5355.

［48］Sovacool B K. Evaluating Energy Security in the Asia Pacific: Towards a More Comprehensive Approach ［J］. Energy Policy, 2011, 39（11）: 7472-7479.

［49］Stirling A. Diversity and Ignorance in Electricity Supply Investment: Addressing the Solution Rather Than the Problem ［J］. Energy Policy, 1994, 22（3）: 195-216.

［50］Stirling A. On the Economics and Analysis of Diversity ［C］. SPRU Electronic Working Paper Series, 1999: 28-30.

［51］Svarstad H, Petersen L K, Rothman D, et al. Discursive Biases of the Environmental Research Framework DPSIR ［J］. Land Use Policy, 2008, 25（1）: 116-125.

［52］United Nation Development Programme（UNDP）. Climate Change and UNDP ［EB/OL］. http: //www. undp. org/climatechange, 2009, 10.

［53］Vivoda V. Evaluating Energy Security in the Asia-Pacific Region: A Novel Methodological Approach ［J］. Energy Policy, 2010, 38（9）: 5258-5263.

［54］Vivoda V. Japan's Energy Security Predicament Post-Fukushima ［J］. Energy Policy, 2012, 46: 135-143.

［55］Von Hippel D F. Energy Security Analysis: A New Framework ［R］. Stockholm Environment Institute, 2004.

［56］Watson I. Is CBR a Technology or a Methodology? ［C］. The 11th International Conference on Industrial and Engineering Applications of Artificial in Telligence and Expert Systems：Tasks and Methods in Applied Artificial Intelligence. Berlin：Springer-verlag, 1998, 6：1-4.

［57］Welin C W. Scripts, Plans, Goals and Understanding, An Inquiry into Human Knowledge Structures ［J］. American Journal of Psychology, 1977, 92 （1）：176.

［58］Xiao Hong Zhang, He Hu, Rong Zhang, et al. Interactions between China's Economy, Energy and the Air Emissions and Their Policy Implications ［J］. Renewable and Sustainable Energy Reviews, 2014 （38）：624-638.

［59］Yergin D. Ensuring Energy Security ［J］. Foreign Affairs, 2006, 85 （2）：69-82.

［60］Zhang L, Yu J, Sovacool B K, et al. Measuring Energy Security Performance within China：Toward an Inter-provincial Prospective ［J］. Energy, 2017, 125：825-836.

［61］查道炯. 能源依赖进口不可怕 ［J］. 世界知识, 2006 （9）：47-49.

［62］陈海涛. 基于系统动力学的中国石油需求系统模型及预测 ［J］. 统计与决策, 2010 （20）：100-103.

［63］陈薇. "油荒" 的迷雾与启示 ［J］. 国际石油经济, 2007, 15 （12）：27-32.

［64］陈亚南. 直面能源荒 ［J］. 中国市场, 2005, 6 （23）：8-11.

［65］陈兆荣. 基于 DPSIR 模型的我国区域能源安全评价 ［J］. 山东工商学院学报, 2013, 27 （1）：72-76.

［66］迟春洁. 中国能源安全监测与预警研究 ［M］. 上海：上海交通大学出版社, 2011.

［67］迟春洁, 黎永亮. 能源安全影响因素及测度指标体系的初步研究 ［J］. 哈尔滨工业大学学报 （社会科学版）, 2004, 6 （4）：80-84.

［68］范爱军, 万佳佳. 基于因子分析法的中国能源安全综合评价 ［J］. 开发研究, 2018, 195 （2）：96-102.

［69］范秋芳, 赵亚丽. 基于层次分析法和模糊综合评价模型的中国石油安全预警研究 ［J］. 中外能源, 2014, 19 （2）：8-12.

［70］范秋芳. 基于 BP 神经网络的中国石油安全预警研究 ［J］. 运筹与管理, 2007, 16 （5）：100-105.

［71］房维中. "拉闸限电", 切莫不顾政府信誉 ［N］. 中国经济导报, 2010-12-11 （C01）.

［72］龚荻涵. 日本能源安全战略及其对中日关系的影响研究 ［D］. 兰州大学硕士学位论文, 2015.

［73］冯晟昊，王健，张恪渝等. 基于 CGE 模型的全球能源互联网经济社会效益分析——以中国及其周边地区为例［J］. 全球能源互联网，2019，2（4）：376-383.

［74］付峰，张鹤丹，王惺等. 中国城市能源安全指标体系研究［J］. 中国能源，2006，28（4）：40-44.

［75］谷树忠，姚予龙，沈镭等. 资源安全及其基本属性与研究框架［J］. 自然资源学报，2002，17（3）：280-285.

［76］郭玲玲，武春友，于惊涛. 中国能源安全系统的仿真模拟［J］. 科研管理，2015，36（1）：112-120.

［77］郭伟，张宇，张彤. 基于因子分析和 3 西格玛法则的中国能源安全评价［J］. 西安工程大学学报，2013，27（4）：101-107.

［78］郭正权，郑宇花，张兴平等. 基于 CGE 模型的我国能源—环境—经济系统分析［J］. 系统工程学报，2014，29（5）：581-591.

［79］国家安全生产监督管理总局. 中国安全生产年鉴［M］. 北京：煤炭工业出版社，2014.

［80］国家电网公司战略规划部. 电力供需：严峻形势贯穿［J］. 瞭望新闻周刊，2004（33）：11-13.

［81］韩金山，谭忠富. 中国电力系统长期演化模型［J］. 系统工程理论与实践，2010，30（8）：179-187.

［82］韩文科，张有生. 能源安全战略［M］. 北京：学习出版社，2014.

［83］何贤杰，吴初国，刘增洁等. 石油安全指标体系与综合评价［J］. 自然资源学报，2006，21（2）：245-251.

［84］胡剑波，吴杭剑，胡潇. 基于 PSR 模型的我国能源安全评价指标体系构建［J］. 统计与决策，2016（8）：62-64.

［85］胡健，孙金花. 基于 FI-GA-NN 融合的区域能源安全外生警源分级预警研究［J］. 资源科学，2017，39（6）：1048-1058.

［86］胡健，孙金花. 能源消耗弹性控制下的区域能源安全动态评价［J］. 安全与环境学报，2016，16（5）：25-30.

［87］黄蕙. 油荒是垄断造成的吗［J］. 瞭望，2005（34）：6.

［88］黄健柏，邵留国，张仕璟等. 两部制电价下电力市场系统动力学仿真［J］. 系统管理学报，2007，16（4）：66-75，80.

［89］黄晓勇. 世界能源发展报告［M］. 北京：社会科学文献出版社，2014.

［90］贾仁安，丁荣华. 系统动力学：反馈动态性复杂分析［M］. 北京：高等教育出版社，2002.

[91] 李根, 张光明, 朱莹莹等. 基于改进 AHP-FCE 的新常态下中国能源安全评价 [J]. 生态经济, 2016, 32 (10): 27-31.

[92] 李果仁, 刘亦红. 中国能源安全报告: 预警与风险化解 [M]. 北京: 红旗出版社, 2009.

[93] 李建武, 陈其慎. 能源安全与减排: 双目标条件下的政策措施分析 [J]. 中国矿业, 2010, 19 (5): 1-4.

[94] 李爽, 汤嫣嫣, 刘倩. 我国能源安全与能源消费结构关联机制的系统动力学建模与仿真 [J]. 华东经济管理, 2015, 29 (8): 89-93.

[95] 李铁, 金世军, 鲁顺等. 辽宁电网 "3.4" 事故处理过程及分析 [J]. 电网技术, 2007, 31 (11): 42-45, 62.

[96] 李玮, 李兰兰, 焦建玲. 中美石油脆弱性评价与比较 [J]. 科技管理研究, 2015, 35 (3): 63-66.

[97] 李勇建, 乔晓娇, 孙晓晨等. 基于系统动力学的突发事件演化模型 [J]. 系统工程学报, 2015, 30 (3): 306-318.

[98] 刘立涛, 沈镭, 高天明等. 中国能源安全评价及时空演进特征 [J]. 地理学报, 2012, 67 (12): 1634-1644.

[99] 刘立涛, 沈镭, 张艳. 中国区域能源安全的差异性分析——以广东省和陕西省为例 [J]. 资源科学, 2011, 33 (12): 2386-2393.

[100] 刘如山, 张美晶, 邬玉斌等. 汶川地震四川电网震害及功能失效研究 [J]. 应用基础与工程科学学报, 2010, 18 (S1): 200-211.

[101] 刘晓燕, 吕涛. 突发性能源短缺应急主体演化博弈研究 [J]. 中国人口·资源与环境, 2016, 26 (5): 154-159.

[102] 吕福明. 火电大省山东遭遇空前 "电荒" [N]. 经济参考报, 2008-08-05 (1).

[103] 吕涛. 突发性能源短缺的应急体系研究 [J]. 中国人口·资源与环境, 2011, 21 (4): 105-110.

[104] 吕致文. 我国能源安全问题的结构性分析 [J]. 宏观经济管理, 2005 (9): 33-34.

[105] 马丽梅, 史丹, 裴庆冰. 中国能源低碳转型 (2015-2050): 可再生能源发展与可行路径 [J]. 中国人口·资源与环境, 2018, 28 (2): 8-18.

[106] 孟祥路. 火电: 拉闸限电我也很无奈 [N]. 中国能源报, 2010-11-29 (018).

[107] 潘伟尔, 王勇. 迎峰度夏电荒煤荒的困境与对策 [J]. 中国能源, 2008, 30 (10): 5-7, 47.

［108］彭红斌，路畅. 我国能源安全问题研究——基于模糊综合评价方法
［J］. 中国能源，2016，38（8）：10-16.

［109］浦绍猛. 我省8年发生4次油荒［N］. 云南政协报，2013-05-13（2）.

［110］秦晓. 中国能源安全战略中的能源运输问题［J］. 中国能源，2004，
26（7）：4-7.

［111］邵超峰，鞠美庭，张裕芬，李智. 基于DPSIR模型的天津滨海新区生
态环境安全评价研究［J］. 安全与环境学报，2008，8（5）：87-92.

［112］史丹. 中国能源安全的新问题与新挑战［M］. 北京：社会科学文献
出版社，2013.

［113］宋杰鲲，李继尊. 基于PCA-AR和K均值聚类的煤炭安全预警研究
［J］. 山东科技大学学报（自然科学版），2008，27（2）：105-108.

［114］宋金华，谢茗. 突发环境污染事件中企业环境信息公开制度实施的思
考——以渤海湾漏油事件为视角［J］. 江西理工大学学报，2012，33（4）：
73-76.

［115］苏飞，张平宇. 中国区域能源安全供给脆弱性分析［J］. 中国人口·
资源与环境，2008，18（6）：100-105.

［116］孙贵艳，王胜. 基于熵权TOPSIS法的我国区域能源安全评价研究
［J］. 资源开发与市场，2019，35（8）：1025-1030.

［117］孙涵，聂飞飞，胡雪原. 基于熵权TOPSIS法的中国区域能源安全评
价及差异分析［J］. 资源科学，2018，40（3）：477-485.

［118］孙吉波，辛拓，王延纬. 广东电网抗击超强台风"威马逊"的经验及
反思［J］. 广东电力，2014，27（12）：80-83.

［119］孙家庆，孙倩雯，靳志宏. 基于系统动力学的我国天然气定价机制研
究［J］. 价格月刊，2017（1）：24-28.

［120］孙金花，胡健，刘贞. 一种λ-模糊测度确定的新准则及其应用［J］.
计算机工程与应用，2014，50（19）：249-255.

［121］孙梅，田立新，徐俊. 基于因子分析法的能源安全监测预警系统的构
建［J］. 统计与决策，2007（13）：65-66.

［122］孙永波，王丽讷，刘继青. 基于多级模糊综合评价法的我国石油运输
安全评价［J］. 东北农业大学学报（社会科学版），2015，13（3）：32-38.

［123］谭玲玲. 电力行业煤炭需求系统动力学模型［J］. 系统工程理论与实
践，2009，29（7）：55-63.

［124］唐旭，张宝生，邓红梅等. 基于系统动力学的中国石油产量预测分析
［J］. 系统工程理论与实践，2010，30（2）：207-212.

［125］田时中. 我国煤炭供需安全评价及预测预警研究［D］. 中国地质大学博士学位论文, 2013.

［126］汪秀丽. 透视 2004 年电荒［J］. 水利电力科技, 2004, 30（4）: 1-14.

［127］王冬梅. 拉闸限电波及 25 省市［N］. 工人日报, 2005-08-01（2）.

［128］王浩, 郭晓立. 基于边界理论的中国能源安全问题研究［J］. 社会科学战线, 2016（7）: 279-282.

［129］王璐, 王昆. 气荒袭击多省份　偏紧局面或持续两月［N］. 经济参考报, 2012-12-28（3）.

［130］王璐. 中石油提前发限气令　多地企业被迫停工［N］. 经济参考报, 2013-11-14（3）.

［131］王其藩. 系统动力学理论与方法的新进展［J］. 系统工程理论方法应用, 1995（2）: 6-12.

［132］王其潘. 系统动力学［M］. 北京: 清华大学出版社, 1994.

［133］王强, 陈爱娇. 福建省能源安全评价及特征分析［J］. 福建师范大学学报（自然科学版）, 2016, 32（5）: 96-105.

［134］王胜, 王恩创, 代春艳等. 基于复杂系统科学的区域能源安全分析框架［J］. 科技管理研究, 2014, 34（7）: 40-43, 48.

［135］王淑贞, 魏华, 贺靖峰. 基于 AR 和模糊综合评价的中国能源风险预警研究［J］. 上海管理科学, 2011, 33（3）: 1-4.

［136］王小琴, 余敬. 能源安全测度的新维度: 能源多样性［J］. 国土资源科技管理, 2016, 33（1）: 24-30.

［137］魏一鸣, 廖华, 王科等. 中国能源安全报告（2014）: 能源贫困研究［M］. 北京: 科学出版社, 2014.

［138］魏一鸣, 吴刚, 梁巧梅等. 中国能源安全报告（2012）: 能源安全研究［M］. 北京: 科学出版社, 2012.

［139］魏一鸣, 焦建玲. 高级能源经济学［M］. 北京: 清华大学出版社, 2013.

［140］温捷. 复杂风险环境下弹性生物能源供应链网络建模与优化［D］. 东北大学硕士学位论文, 2013.

［141］肖惠. 山西"电煤荒"的破解之战［J］. 山西煤炭, 2010, 30（2）: 1-5.

［142］熊兴. 中国的国际能源安全风险及其化解［J］. 社会主义研究, 2015, 224（6）: 155-163.

［143］徐玲琳, 王强, 李娜等. 20 世纪 90 年代以来世界能源安全时空格局演化过程［J］. 地理学报, 2017, 72（12）: 2166-2178.

［144］徐龙君，吴江，李洪强. 重庆开县井喷事故的环境影响分析 ［J］. 中国安全科学学报，2005，15（5）：84-87.

［145］许光清，邹骥. 系统动力学方法：原理、特点与最新进展 ［J］. 哈尔滨工业大学学报（社会科学版），2006，8（4）：78-83.

［146］薛静静，史军，沈镭等. 中国区域能源供给安全问题研究 ［J］. 中国软科学，2015（1）：96-107.

［147］杨洁. 多维不确定环境下的生物能源供应链网络优化设计 ［D］. 东北大学硕士学位论文，2014.

［148］杨谨，尤建新，蔡依平. 基于案例推理的供应商选择决策支持系统研究 ［J］. 计算机工程与应用，2006，42（6）：19-23.

［149］杨涛，党光远. 企业安全生产事故风险预警研究综述 ［J］. 安全与环境学报，2014，14（4）：123-129.

［150］杨洋，刘旭，浮豪豪. 基于贝叶斯后验概率的能源供应链弹性研究 ［J］. 软科学，2018，32（6）：103-107.

［151］于宏源. 全球能源治理：变化趋势、地缘博弈及应对 ［J］. 当代世界，2019（4）：18-23.

［152］于华鹏，温淑萍. 煤荒真相 ［N］. 经济观察报，2011-01-03（6）.

［153］袁程炜，张得. 帕累托效率视角下的能源消费与经济增长关系研究 ［J］. 税收经济研究，2013（1）：91-95.

［154］詹长根，黄鑫鑫. 广西能源供需安全问题研究——基于熵权评价方法 ［J］. 中国国土资源经济，2017，30（12）：56-62.

［155］张娥. 油荒重袭 ［J］. 中国石油石化，2010（23）：20-22.

［156］张华林，涂明跃，郝洪等. 战略石油储备的经济效益研究 ［J］. 油气储运，2006，25（5）：6-9，66-67.

［157］张燨. 战略与策略的实验室——系统动力学 ［J］. 贵州社会科学，1985（3）：113-114.

［158］张坤民，温宗国，杜斌等. 生态城市评估与指标体系 ［M］. 北京：化学工业出版社，2003.

［159］张雷. 中国能源安全问题探讨 ［J］. 中国软科学，2001（4）：7-12.

［160］张力，陈文，蒋建军. 基于 DPSIR 和 BP 神经网络的安全绩效评估模型 ［J］. 中国安全科学学报，2014，24（12）：76-82.

［161］张强. 基于开放复杂巨系统理论的能源安全及预警研究 ［J］. 中国科技论坛，2011（2）：95-99.

［162］张生玲，郝宇. 中国能源安全分析：基于最优消费路径视角 ［J］. 中

国人口·资源与环境，2012，22（10）：137-143.

［163］张生玲. 中国能源安全：理论与政策［M］. 北京：经济科学出版社，2015.

［164］张旺. 基于 PB-LCA 的湖南省建筑碳足迹测算及其机理分析［J］. 科技导报，2019，37（22）：133-142.

［165］张艳，沈镭，于汶加等. 我国东部沿海区域能源安全情景分析预测［J］. 中国矿业，2014，23（3）：35-40，52.

［166］赵春富，刘耕源，陈彬. 能源预测预警理论与方法研究进展［J］. 生态学报，2015，35（7）：2399-2413.

［167］赵先贵，马彩虹，肖玲等. 陕西省碳足迹时空变化研究［J］. 地理科学，2013，33（12）：1537-1542.

［168］甄纪亮，刘政平，武传宝等. 基于模糊综合层次分析法的唐山市可再生能源开发决策评价［J］. 数学的实践与认识，2018，48（20）：10-16.

［169］郑修思. 我国石油供应安全评价系统研究［D］. 中国地质大学硕士学位论文，2017.

［170］郑言. 我国天然气安全评价与预警系统研究［D］. 中国地质大学博士学位论文，2013.

［171］钟永光，贾晓菁，李旭. 系统动力学［M］. 北京：科学出版社，2009.

［172］周大地，韩文科，高世宪等. "十一五"能源发展战略重点和对策［J］. 中国石油企业，2006（1）：34-35.

［173］周德群，鞠可一，周鹏等. 石油价格波动预警分级机制研究［J］. 系统工程理论与实践，2013，33（3）：585-592.

［174］周新军. 能源安全问题研究：一个文献综述［J］. 当代经济管理，2017，39（1）：1-5.

［175］周勇，陈震海. 华中（河南）电网"7.1"事故分析与思考［J］. 湖南电力，2008，28（3）：28-30，47.

［176］朱成章. 煤电关乎中国能源安全刍议［J］. 中外能源，2012，17（1）：29-31.

［177］诸云，高宁波，郑丽媛. 基于神经网络的经济圈道路交通安全综合测度模型［J］. 中国安全科学学报，2015，25（10）：22-28.

［178］邹艳芬. 基于 CGE 和 EFA 的中国能源使用安全测度［J］. 资源科学，2008，30（1）：119-128.

［179］邹志红，孙靖南，任广平. 模糊评价因子的熵权法赋权及其在水质评价中的应用［J］. 环境科学学报，2005，25（4）：552-556.